ゼロからはじめる
SOLIDWORKS
Series ① ソリッドモデリング STEP3

株式会社オズクリエイション 著

電気書院

はじめに

本書は、3 次元 CAD SOLIDWORKS 用の習得用テキストです。

これから 3 次元 CAD をはじめる機械設計者、教育機関関係者、学生の方を対象にしています。

【本書で学べること】

- ◆ ソリッドモデリングによる部品作成
- ◆ 効率的なモデリング手法

等を学んでいただき、SOLIDWORKS を効果的に活用する技能を習得していただけます。

本書では、SOLIDWORKS をうまく使いこなせることを柱として、基本的なテクニックを習得することに重点を置いています。

【本書の特徴】

- ◆ 本書は操作手順を中心に構成されています。
- ◆ 視覚的にわかりやすいように SOLIDWORKS の画像や図解、吹き出し等で操作手順を説明しています。
- ◆ 本書で使用している画面は、SOLIDWORKS2019 を使用する場合に表示されるものです。

【前提条件】

- ◆ 基礎的な機械製図の知識を有していること。
- ◆ Windows の基本操作ができること。
- ◆ 「ゼロからはじめる SOLIDWORKS Series1 ソリッドモデリング入門／STEP1〜2」を習熟していること。

【寸法について】

- ◆ 図面の投影図、寸法、記号などは本書の目的に沿って作成しています。
- ◆ JIS 機械製図規格に従って作成しています。

【事前準備】

- ◆ 専用 WEB サイトより CAD データをダウンロードしてください。
- ◆ SOLIDWORKS がインストールされているパソコンを用意してください。

⚠ 本書には、3 次元 CAD SOLIDWORKS のインストーラおよびライセンスは付属しておりません。

本書は、SOLIDWORKS を使用した 3D CAD 入門書です。

本書の一部または全部を著者の書面による許可なく複写・複製することは、その形態を問わず禁じます。

間違いがないよう注意して作成しましたが、万一間違いを発見されました場合は、

ご容赦いただきますと同時に、ご連絡くださいますようお願いいたします。

内容は予告なく変更することがあります。

本書に関する連絡先は以下のとおりです。

 株式会社オズクリエイション

（Technology＋Dream＋Future）Creation＝O's Creation

〒115-0042　東京都北区志茂 1-34-20　日看ビル 3F

TEL：03-6454-4068　FAX：03-6454-4078

メールアドレス：info@osc-inc.co.jp

URL：http://osc-inc.co.jp/

目　次

本書の特徴

SOLIDWORKS および SOLIDWORKS に関連する操作は、すべて本書に示す手順に従って行ってください。

下図のように操作する順番は 《① クリック》 のように吹き出しで指示されています。

はマウスの操作を意味しており、クリック、ドラッグ、ダブルクリックなどがあります。

はキーボードによる入力操作を意味しています。

角度指定の参照平面

基準面を《平面1》、回転中心を《軸1》として**反時計回りに5度傾いた参照平面**を作成します。

1. Command Manager【**フィーチャー**】タブより [**参照ジオメトリ**] 下の を クリックして展開し、 [**平面**] を クリック。

2. 「**第1参照**」として、グラフィックス領域から《**平面1**》を クリック。

   「**第2参照**」として、グラフィックス領域から《**軸1**》を クリック。

   《**軸1**》から《**平面1**》に**面直**な平面が**プレビュー**されます。

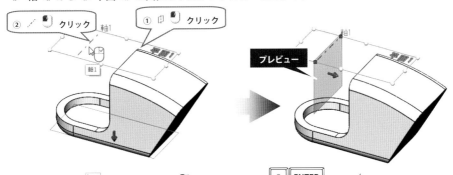

3. 「**第1参照**」の [**角度指定**」を クリックし、< 5 ENTER >と 入力。

   プレビューされた**平面**が**反転**している場合は、「**オフセット方向反転**」をチェックON（☑）にすると**平面**が**反転**します。 [**OK**] ボタンを クリック。

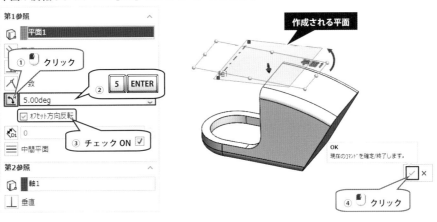

本書で使用するアイコン、表記

本書では、下表で示すアイコン、表記で操作方法などを説明します。

アイコン、表記	説　明
POINT	覚えておくと便利なこと、説明の補足事項を詳しく説明しています。
⚠	操作する上で注意していただきたいことを説明します。
参照	関連する項目の参照ページを示します。
🖱 🖱×2 🖱🖱 🖱 🖱	マウスの左ボタンに関するアイコンです。 🖱 はクリック、🖱×2 はダブルクリック、🖱🖱 はゆっくり２回クリック、 🖱 はドラッグ、🖱 はドラッグ状態からのドロップです。
🖱 🖱	マウスの右ボタンに関するアイコンです。 🖱 は右クリック、🖱 は右ドラッグです
🖱 🖱×2 🖱 🖱↓ 🖱↑	マウスの中ボタンに関するアイコンです。 🖱 は中クリック、🖱×2 はダブルクリック、🖱 は中ドラッグです。 🖱↓ 🖱↑ はマウスホイールの回転です。
ENTER CTRL SHIFT ↑ F1 1 1ぬ	キーボードキーのアイコンです。指定されたキーを押します。
SOLIDWORKS は、フランスの……	重要な言葉や文字は太字で表記します。
［ファイル］＞ 📂 ［開く］を選択して……	アイコンに続いてコマンド名を［　］に閉じて太字で表記します。 メニューバーのメニュー名も同様に表記します。
{ 📁 **Chapter 1**} にある……	フォルダーとファイルは｛　｝に閉じてアイコンと共に表記します。 ファイルの種類によりアイコンは異なります。
『**ようこそ**』ダイアログが表示され……	ダイアログは『　』に閉じて太字で表記します。
【**フィーチャー**】タブを 🖱 クリック……	タブ名は【　】に閉じて太字で表記します。
《🔲**正面**》を 🖱 クリック……	ツリーアイテム名は《　》に閉じ、アイコンに続いて太字で表記します。
「**距離**」には＜ 1 0 ＞と ⌨ 入力……	数値は＜ 1 0 ＞に閉じてキーアイコンまたは太字で表記します。
「**押し出し状態**」より［**ブラインド**］を……	パラメータ名、項目名は「　」に閉じて太字で表記します。 リストボックスから選択するオプションは［　］に閉じて太字で表記します。

本書で使用する CAD データを下記の手順にてダウンロードしてください。

1. ブラウザにて WEB サイト「http://www.osc-inc.co.jp/Zero_SW1/DL.html」へアクセスします。

2. **ユーザー名 <osuser> とパスワード <M4jq5h3e>** を ⌨️ 入力し、 ログイン を 🖱️ クリック。

    (※ブラウザにより表示されるウィンドウが異なります。下図は 🌐 Google Chrome でアクセスしたときに表示されるウィンドウです。)

3. ダウンロード専用ページを表示します。

    画面をスクロールして「**ゼロからはじめる SOLIDWORKS Series1 ソリッドモデリング STEP3**」を表示します。

    ダウンロードする SOLIDWORKS のバージョンの 📥 を 🖱️ クリックすると、

    本書で使用するファイル { 📄 **Series1-step3.ZIP**} がダウンロードされます。

4. ダウンロードファイルは通常 { 📁 **ダウンロード**} フォルダーに保存されます。

    圧縮ファイル { 📄 **Series1-step3.ZIP**} は**解凍**して使用してください。

Chapter12

ソリッドモデリング (6)

ヘリコプターのパーツ { メインボディ} を作成しながら下記の機能の理解を深めます。

押し出しフィーチャー

▶　次サーフェスまで

スケッチ駆動パターン

スケッチ

▶　スロット
▶　テキスト

参照ジオメトリ

▶　参照平面の作成（オフセット／角度指定平面）
▶　軸の作成

部品分割

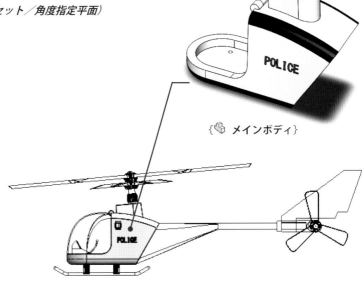

{ メインボディ }

12.1 メインボディ部品を作成する

ヘリコプターの構成部品 { メインボディ} を新規部品として作成します。

12.1.1 準備

新規部品ドキュメントを作成し、名前を付けて保存します。

1. 部品は { ヘリコプター} に保存します。作成していない場合は、任意の場所に作成します。

2. **標準ツールバー**の □ [**新規**] を 🖱 クリック。ショートカットは CTRL + N み。

3. 『**新規 SOLIDWORKS ドキュメント**』ダイアログが表示されます。

   ビギナー で [**部品**] を 🖱 クリックし、OK を 🖱 クリック。

   『**ようこそ……**』ダイアログが表示されている場合は、「**新規**」の 部品 を 🖱 クリック。

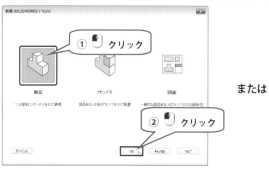

または

参照 入門 👍 *POINT* ビギナーとアドバンス (P64)

4. 画面右下の**ステータスバー**で**単位系**を [**MMGS**] に設定します。

   現在の単位系を 🖱 クリックし、表示されるリストから [**MMGS（mm、g、秒）**] を 🖱 クリック。

参照 入門 👍 *POINT* 単位系の変更 (P64)

5. **標準ツールバー**の 🖫 [**保存**] を 🖱 クリック。

参照　入門　3.2.2 部品ドキュメントの保存 (P65)

6. 『**指定保存**』ダイアログが表示されます。

   保存先フォルダーを {📁 **ヘリコプター**} にし、「**ファイル名**」に<**メインボディ**>と⌨入力。

   保存(S) を 🖱 クリック。

12.1.2 メインボディの作成

メインボディの**ベース**となる**ソリッドボディ**を作成します。

押し出しボス

閉じた輪郭を作成し、これを 🔲 [**押し出しボス／ベース**] の [**中間平面**] を使用して押し出します。

1. Feature Manager デザインツリーから《正面》を 🖱 クリックし、**コンテキストツールバー**より 🔲 [**スケッチ**] を 🖱 クリック。

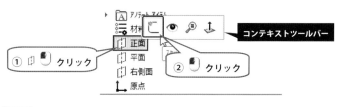

参照　入門　3.3.1 スケッチを作成する (P67)

2. 下図の**閉じた輪郭**を作成します。

   Command Manager または**ショートカットツールバー**より ✏ [**直線**] を 🖱 クリック。

   ✏ [**直線**] を実行中に [Aち] を押すと、**正接円弧**に切り替わります。

   ⤢ [**一致拘束**]、━ [**水平拘束**]、┃ [**鉛直拘束**]、⟋ [**正接拘束**] は自動的に追加させます。

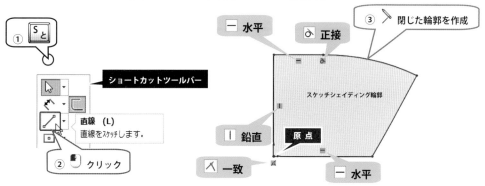

参照　入門　3.3.5 幾何拘束の追加 (P77)

3. Command Manager または**ショートカットツールバー**より [スマート寸法] を クリック。
下図に示す**寸法**を記入します。

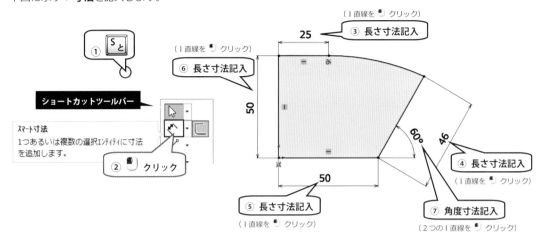

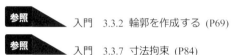

参照　　入門　3.3.2　輪郭を作成する (P69)

参照　　入門　3.3.7　寸法拘束 (P84)

4. Command Manager【フィーチャー】タブの [押し出しボス／ベース] を クリック。

5. 「**押し出し状態**」より [**中間平面**] を選択し、 「**深さ／厚み**」に< 4 0 ENTER >と入力。
プレビューを確認して [**OK**] ボタンを クリック。

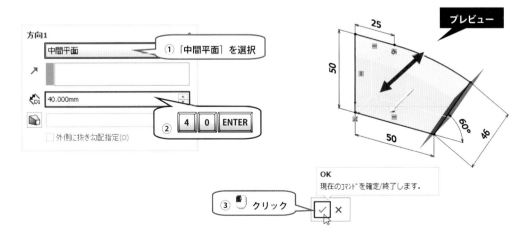

6. フィーチャーの名前を＜**基準ボディ**＞に変更します。

    ツリーアイテムをゆっくり 2 回 🖱️🖱️ クリック、または F2 を押すとフィーチャー名を編集できます。

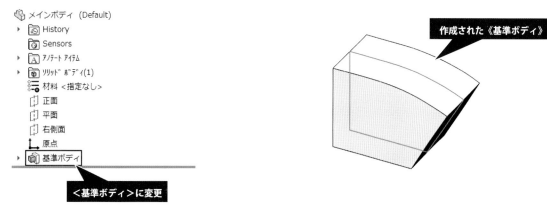

＜基準ボディ＞に変更

作成された《基準ボディ》

押し出しカット（開いたスケッチ／全貫通-両方）

開いたスケッチを作成し、これを 🔲 ［**押し出しカット**］の［**全貫通-両方**］を使用してボディを**カット**します。
（※［**全貫通-両方**］オプションは SOLIDWORKS2014 以降の機能です。）

1. Feature Manager デザインツリーから《⊞**正面**》を 🖱️ クリックし、**コンテキストツールバー**より

    📐［**スケッチ**］を 🖱️ クリック。

2. ⚓［**アイテムに鉛直**］(CTRL + 8ゆ) にて《⊞**正面**》を正面に向けます。

3. 下図の**開いた輪郭**を作成します。

    Command Manager または**ショートカットツールバー**より ✏️［**直線**］を 🖱️ クリック。

    人［**一致拘束**］、━［**水平拘束**］、｜［**鉛直拘束**］は自動的に追加させます。

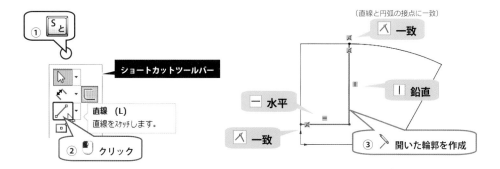

4. Command Manager または**ショートカットツールバー**より ⌐ [**スケッチフィレット**] を 🖱 クリック。

5. 「**フィレットパラメータ**」の 🗝 「**フィレット半径**」に＜ 1 0 ENTER ＞と ⌨ 入力。

下図に示す ● **コーナー**を 🖱 クリックし、✓ [**OK**] ボタン 🖱 をクリック。

🗝 **半径寸法**と 🔵 [**正接拘束**] は ⌐ [**スケッチフィレット**] で処理すると自動記入されます。

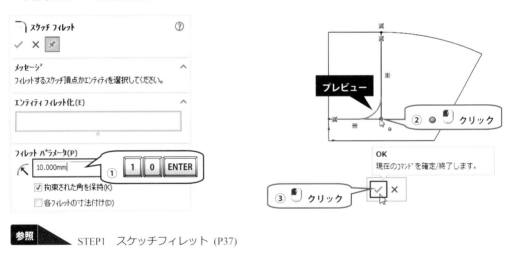

参照 　　STEP1　スケッチフィレット (P37)

6. Command Manager または**ショートカットツールバー**より 🗝 [**スマート寸法**] を 🖱 クリック。

下図に示す ⌐ **距離寸法**を記入します。

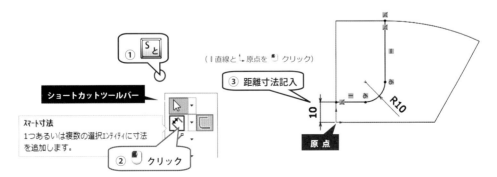

7. Command Manager【フィーチャー】タブの  [押し出しカット] を クリック。

8. 「押し出し状態」より［全貫通-両方］を選択し、「反対側をカット」をチェック ON（☑）にします。

プレビューを確認して ✓ ［OK］ボタンを クリック。

（※SOLIDWORKS2013 以前のバージョンは、「方向2」をチェック（☑）にして［全貫通］を選択します。）

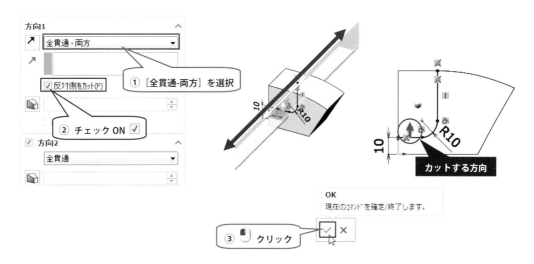

9. フィーチャーの名前を＜ボディオープンカット＞に変更します。

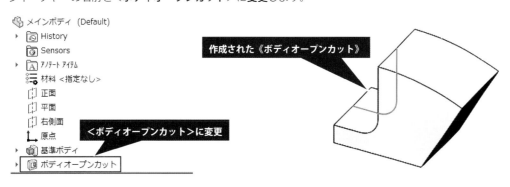

参照 　　　　入門　4.4.4 押し出し状態（押し出しカット）（P135）

円筒ボス

円形スケッチを 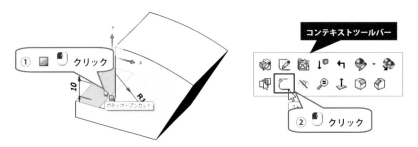[押し出しボス／ベース] の [頂点指定] を使用して押し出します。

1. 下図に示す ■面を 🖱 クリックし、**コンテキストツールバー**より 🖱 [**スケッチ**] を 🖱 クリック。

2. **原点**に**円**を作成します。

   Command Manager または**ショートカットツールバー**より 🖱 [**円**] を 🖱 クリック。

   ↳ **原点**を 🖱 クリックし、**カーソルを外側に移動**すると○円が表示されるので 🖱 クリックして大きさを確定します。円の × **中心点**に 🔨 [**一致拘束**] が追加されます。

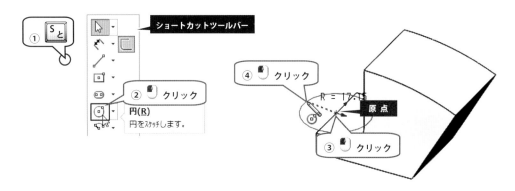

3. [ESC] を 2 回押してコマンドのキャンセルおよびアイテムを選択解除します。

4. ○円を 🖱 クリック、下図に示す ∥ エッジを [CTRL] を押しながら 🖱 クリック。

   コンテキストツールバーより ⭕ [**正接拘束**] を 🖱 クリックします。

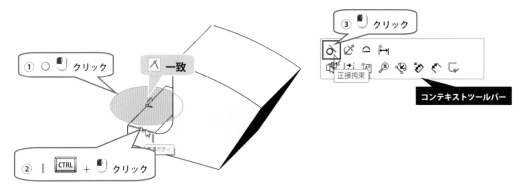

5. Command Manager【フィーチャー】タブの  [押し出しボス／ベース] を 🖱 クリック。

6. 下図に示す ⬤頂点を 🖱 クリックすると、「押し出し状態」は［頂点指定］が自動選択されます。
   プレビューを確認して ✓ [OK] ボタンを 🖱 クリック。

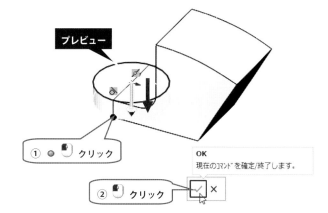

7. フィーチャーの名前を＜ボス D40＞に変更します。

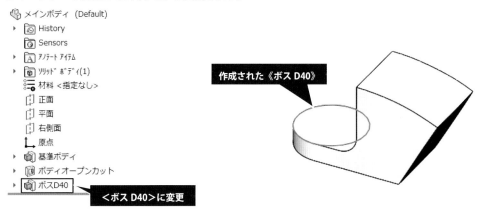

参照 ▸ 入門　3.4.2 押し出し状態（押し出しボス／ベース）（P98）

固定サイズフィレット（正接の継続）

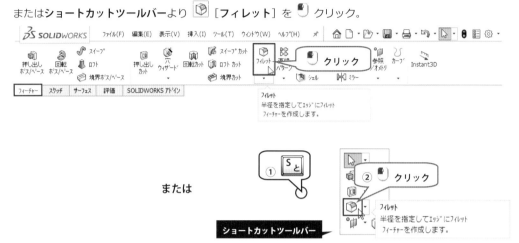 [フィレット] を使用して ‖ エッジに**固定サイズ**で 5mm の**フィレット**を追加します。

1. Command Manager【フィーチャー】タブの 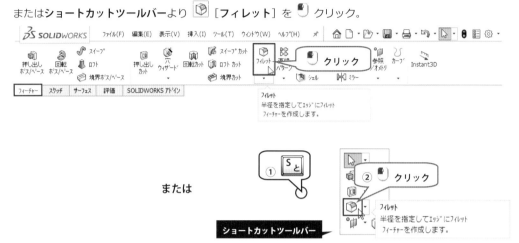 [フィレット] を 🖱 クリック。

   または**ショートカットツールバー**より [フィレット] を 🖱 クリック。

2. 「フィレットタイプ」より ▱ [固定サイズフィレット] を 🖱 クリック。

   「フィレットパラメータ」の 📐 「半径」に < 5 ENTER > と ⌨ 入力。

   「正接の継続」をチェック ON（☑）にし、下図に示す **3** つの ‖ エッジを 🖱 クリック。

   「正接の継続」オプションを使用すると、正接でつながるエッジを自動的に選択します。

   プレビューを確認して ✓ [OK] ボタンを 🖱 クリック。

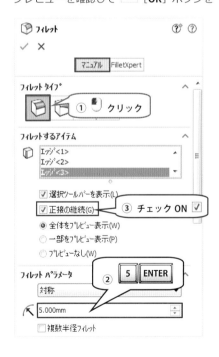

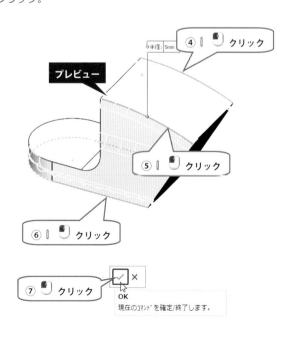

3. フィーチャーの名前を<**フィレット R5**>に**変更**します。

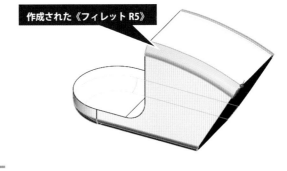

作成された《フィレット R5》

- メインボディ (Default)
  - ▶ History
  - Sensors
  - ▶ アノテート アイテム
  - ▶ ソリッド ボディ(1)
  - 材料 <指定なし>
  - 正面
  - 平面
  - 右側面
  - 原点
  - ▶ 基準ボディ
  - ▶ ボディオープンカット
  - ▶ ボスD40
  - フィレットR5

<**フィレット R5**>に変更

参照　STEP1　7.2.7 エッジ処理（固定サイズフィレット）（P62）

POINT 部分フィレット（部分面取り）

選択したモデルエッジに部分的にフィレットまたは面取りを作成できます。

この機能は ▦ ［**固定サイズフィレット**］および面取りの ◈ ［**オフセット面**］のみ使用できます。
（※SOLIDWORKS2019 以降の機能です。）

【マニュアル】タブの「**部分エッジパラメータ**」をチェック ON （☑）にし、部分フィレットまたは面取りをする ∥ エッジを選択します。「**開始条件**」および「**終了条件**」に**オフセット距離**を⌨入力します。

① チェック ON ☑

☑ 部分エッジ パラメータ ⌄

　⬡ エッジ<1>

開始条件:
オフセット距離 ⌄
③ ⌨入力
◈ 10.00mm

終了条件:
オフセット距離 ⌄
◈ 10.00mm
④ ⌨入力

② ∥ 🖱クリック

半径 10mm

シェル（薄肉化）

 [シェル] を使用してソリッドボディを 5mm 厚で**薄肉化**します。

1. Command Manager【**フィーチャー**】タブより  [シェル] を  クリック。

2. 「削除する面」として下図に示す**3つ**の ■ 面を 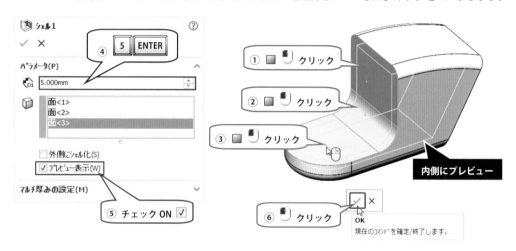 クリックし、 「厚み」に < 5 | ENTER > と 入力。
   「**プレビュー表示**」をチェック ON（☑）にしてプレビューを確認し、 [OK] ボタンを クリック。

3. フィーチャーの名前を <**薄肉化 5mm**> に**変更**します。

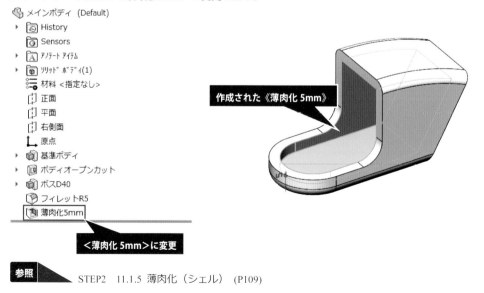

作成された《薄肉化 5mm》

<薄肉化 5mm>に変更

参照　STEP2　11.1.5 薄肉化（シェル）（P109）

フォルダーにまとめる

ここまで作成した**フィーチャー**を {📁 **フォルダー**} に**まとめる方法**について説明します。

1. フォルダーにまとめるアイテムを Feature Manager デザインツリーから選択します。

   《🗐 **基準ボディ**》を 🖱 クリック、《🗐 **薄肉化 5mm**》を [SHIFT] を押しながら 🖱 クリック。

   Feature Manager デザインツリーまたはグラフィックス領域で 🖱 右クリックし、

   メニューより [📁 **新規フォルダーに追加(L)**] を 🖱 クリック。

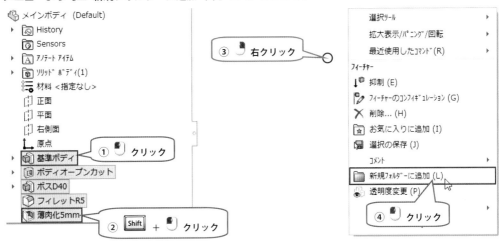

2. フォルダー名に<**メインボディ**>と⌨入力して [ENTER] を押します。

   選択したアイテムは {📁 **メインボディ**} にまとめられるので、フォルダーを展開して確認ます。

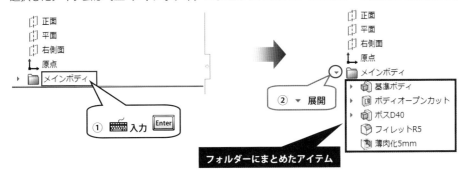

👍 *POINT* フォルダー名の変更

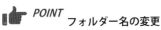

{📁 **フォルダー**} をゆっくり 🖱🖱 2回クリック、または {📁 **フォルダー**} を選択後に [F2] を押すと

名前を変更できます。フォルダー名を⌨入力後、[ENTER] を押して確定します。

⚠️ 既存のツリーアイテムと同じ名前、または不正な文字があると指定できません。

{🦗 メインローター} を取り付けるための**傾斜をつけたボスとシャフト**をメインボディの上部に作成します。

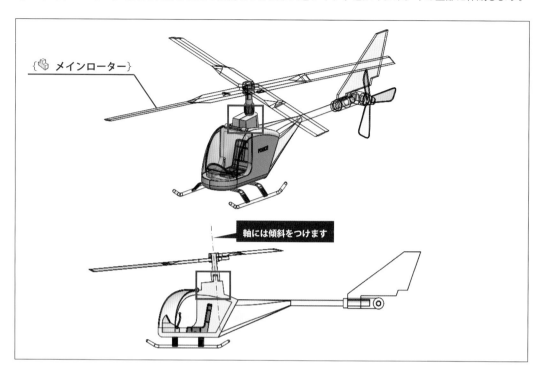

{🦗 メインローター}

軸には傾斜をつけます

オフセット平面の作成

モデルの**底面**から**上方向** 55mm **オフセット**した位置に**参照平面**を作成します。

1. Command Manager 【**フィーチャー**】 タブより 🎁 [**参照ジオメトリ**] 下の ˙ を 🖱 クリックして**展開**し、🖼 [**平面**] を 🖱 クリック。

    または**ショートカットツールバー**より 🖼 [平面] を 🖱 クリック。

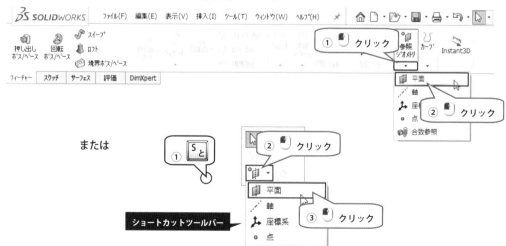

2. 「**第1参照**」として、下図に示す ▦ 面（裏面）を 🖱 クリックして選択します。

「**オフセット方向反転**」をチェック ON（☑）にして平面の位置を**反転**します。

🔩「**オフセット距離**」に＜ 5 5 ENTER ＞と ⌨ 入力し、 ✓ [**OK**] ボタンを 🖱 クリック。

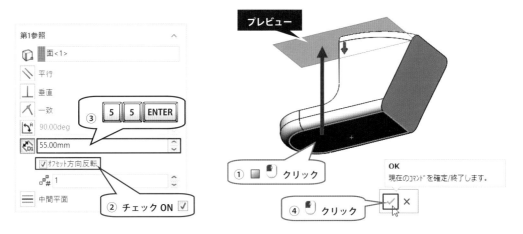

3. Feature Manager デザインツリーに《🗗**平面1**》が追加されます。

参照 ◣ STEP2 9.2.3 参照平面 (P31)

参照ジオメトリの軸

作成した《🗗**平面1**》と《🗗**右側面**》が**交わる位置**に ／ **軸**を作成します。

1. Command Manager【**フィーチャー**】タブより [**参照ジオメトリ**] 下の ・ を 🖱 クリックして**展開**し、
   ／ [**軸**] を 🖱 クリック。または**ショートカットツールバー**より ／ [**軸**] を 🖱 クリック。

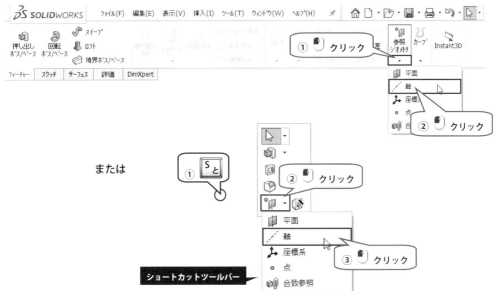

2. Property Manager に「⟋ **軸 1**」が表示されます。

   ⬚「**選択アイテム**」はグラフィックス領域左上の**フライアウトツリー**を▼展開し、《⬚**平面 1**》と《⬚**右側面**》

   を 🖱 クリック。**2 つの参照平面が交差する位置**に**黄色**で軸が**プレビュー**されます。

   軸のタイプは 🔀［**平面 2 つ（T)**］が**オン**の状態（🔀）になります。 ✓［**OK**］ボタンを 🖱 クリック。

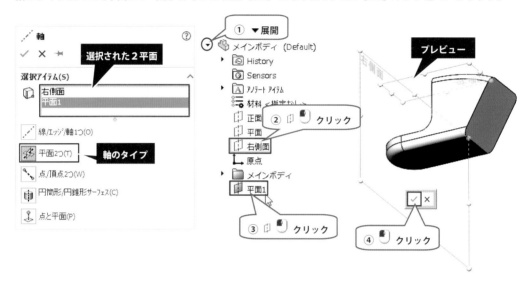

3. Feature Manager デザインツリーに《⟋ **軸 1**》が追加され、グラフィックス領域に**軸**を**表示**します。

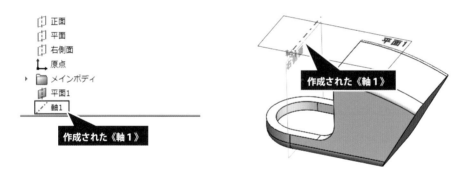

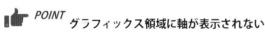

👍 *POINT* **グラフィックス領域に軸が表示されない**

グラフィックス領域に ⟋ **軸が表示されない**場合は、🔹［**全タイプが非表示**］になっているか、

⟋［**軸表示**］が**選択解除**になっています。**ヘッズアップビューツールバー**を確認してください。

角度指定の参照平面

基準面を《⬚平面1》、回転中心を《⟋軸1》とし、**反時計回りに5度傾いた参照平面**を作成します。

1. Command Manager【**フィーチャー**】タブより 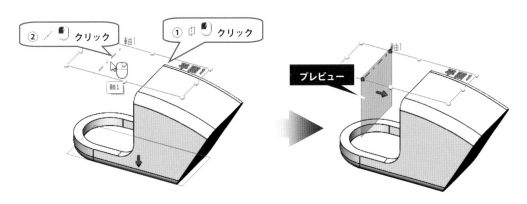[**参照ジオメトリ**] 下の ⬚ を 🖱 クリックして**展開**し、⬚ [**平面**] を 🖱 クリック。

2. 「**第1参照**」として、グラフィックス領域から《⬚**平面1**》を 🖱 クリック。
   「**第2参照**」として、グラフィックス領域から《⟋**軸1**》を 🖱 クリック。
   《⟋**軸1**》から《⬚**平面1**》に**面直**な平面が**プレビュー**されます。

3. 「**第1参照**」の 📐「**角度指定**」を 🖱 クリックし、「**角度**」に <⟨5⟩ ⟨ENTER⟩> と ⌨ 入力。
   プレビューされた**平面**が**反転**している場合は、「**オフセット方向反転**」をチェックON（☑）にすると
   平面が**反転**します。✓ [**OK**] ボタンを 🖱 クリック。

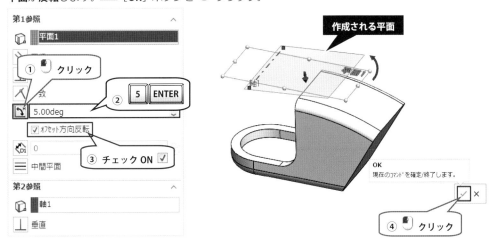

4. Feature Manager デザインツリーに《⬚**平面2**》が追加されます。

5. 《⊞**平面1**》、《⊞**平面2**》、《╱**軸1**》を**非表示**にします。

グラフィックス領域またはFeature Manager デザインツリーから選択し、**コンテキストツールバー**より

🔲 [**非表示**] を 🖱 クリック。または**表示パネル**にてアイテムを非表示にします。

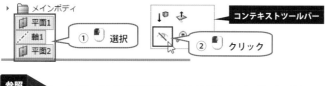

参照 ▸ 入門　4.2.2　表示パネルによるコントロール (P119)

押し出しボス（次サーフェスまで）

押し出しフィーチャーの[**次サーフェスまで**]は、押し出し方向にある**最初のサーフェス**（■ 面）まで
フィーチャーを適用します。《⊞**平面2**》に**閉じた輪郭**を作成し、**ソリッドボディがある方向**へ押し出します。

1. Feature Manager デザインツリーから《⊞**平面2**》を 🖱 クリックし、**コンテキストツールバー**より

　 🖉 [**スケッチ**] を 🖱 クリック。

2. ⬓ [**アイテムに鉛直**]（[CTRL] + [8ゆ]）にて《⊞**正面**》を正面に向けます。

　 （※正面に向けた角度が 180 度反転した場合は、再度[**アイテムに鉛直**]を実行します。）

3. ╱ [**直線**] を使用して下図の**閉じた輪郭**を作成します。

　 ╱ [**直線**] を実行中に [Aち] を押すと、**正接円弧**に切り替わります。

　 ╳ [**一致拘束**]、━ [**水平拘束**]、┃ [**鉛直拘束**]、◔ [**正接拘束**] は自動または手動にて追加します。

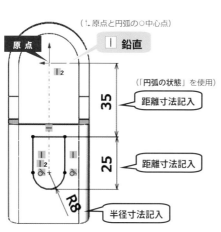

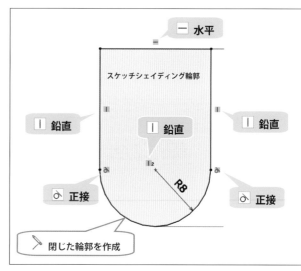

参照 ▸ STEP1　7.3.2　ボスの作成（正接円弧スケッチ）　(P67)

参照 ▸ 入門　円弧の状態 (P103)

4. Command Manager【**フィーチャー**】タブの 📑［**押し出しボス／ベース**］を 🖱 クリック。

5. 「**押し出し状態**」より［**次サーフェスまで**］を選択します。

   📦「**抜き勾配オン／オフ**」を 🖱 クリックし、「**抜き勾配角度**」に <u>3</u> <u>ENTER</u> と ⌨ 入力。

   「**外側に抜き勾配指定**」をチェック ON（☑）にし、外側に抜き勾配を指定します。

   プレビューを確認して ✓ ［**OK**］ボタンを 🖱 クリック。

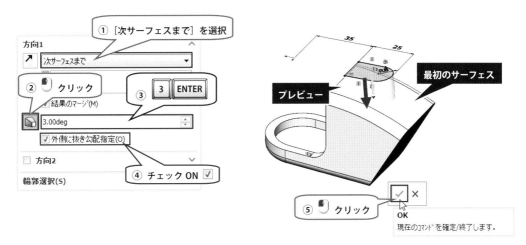

⚠ 押し出し方向にサーフェスがない場合、リストには［**次サーフェスまで**］が表示されません。

6. フィーチャーの名前を＜**R ボス**＞に**変更**します。

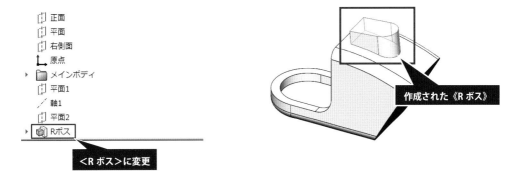

{🔩 **サーキュラーボス**} の**穴に差し込むためのシャフト**を作成します。

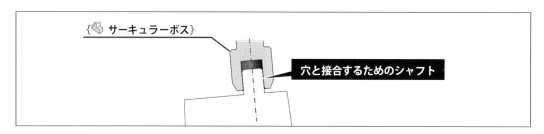

1. 下図に示す ▦**面** (タブの上面) を 🖱 クリックし、**コンテキストツールバー**より ⌐ [**スケッチ**] を
   🖱 クリック。⊙ [**円**] を使用して下図の位置に**円**を作成します。
   幾何拘束が自動的に追加されないように注意します。

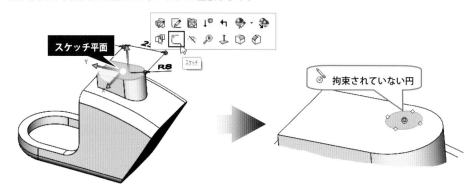

2. [ESC] を2回押してコマンドのキャンセルおよびアイテムを選択解除します。

3. 円をボスの**円弧エッジ**に対して**同心**にします。
   ○**円**と ▌**円弧エッジ**を 🖱 クリックし、**コンテキストツールバー**より ◎ [**同心円拘束**] を 🖱 クリック。

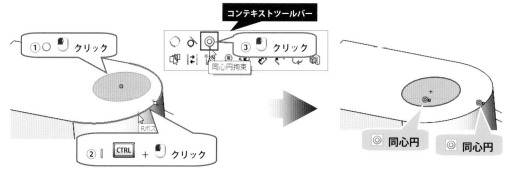

4. 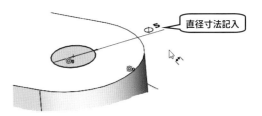 [スマート寸法] にて円の直径寸法<⑤>を記入してスケッチを完全定義させます。

直径寸法記入

5. Command Manager【フィーチャー】タブの 🔲 [押し出しボス／ベース] を 🖱 クリック。

6. [ブラインド] で 🔲 「深さ／厚み」に<⑥ ENTER>と⌨入力。

プレビューを確認して ✓ [OK] ボタンを 🖱 クリック。

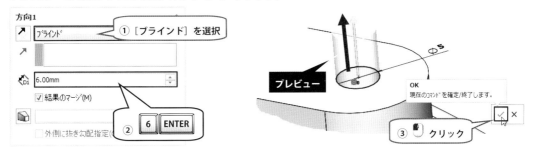

方向1

↗ ブラインド ① [ブラインド] を選択

↗

🔲 6.00mm

☑ 結果のマージ(M)

② 6 ENTER

外側に抜き勾配指定(

プレビュー

OK
現在のコマンドを確定/終了します。

③ 🖱 クリック

7. フィーチャーの名前を<シャフト>に変更します。

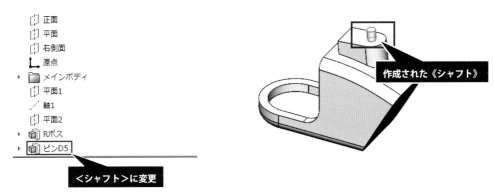

[] 正面
[] 平面
[] 右側面
L 原点
▶ 🗀 メインボディ
[] 平面1
╱ 軸1
[] 平面2
▶ 🔲 Rボス
▶ 🔲 ピンD5

<シャフト>に変更

作成された《シャフト》

8. アイテムのフォルダーにまとめます。Feature Manager デザインツリーより《[]平面1》を 🖱 クリックし、
《🔲 シャフト》を SHIFT を押しながら 🖱 クリック。

9. Feature Manager デザインツリーまたはグラフィックス領域で 🖱 右クリックし、メニューより
[🗀 新規フォルダーに追加（L）] を 🖱 クリック。

10. <ローターボス>と⌨入力して ENTER を押すと、アイテムは {🗀 ローターボス} にまとめられます。

12.1.4　軸受けの作成

{🐚 **フロントドア**} を取り付けるための穴付きのボス（軸受け）をメインボディの前方に作成します。

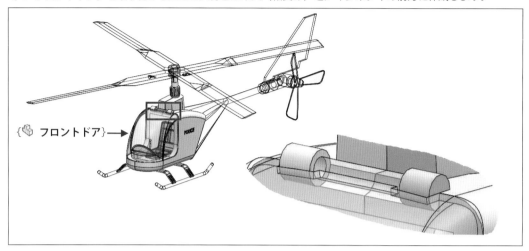

{🐚 フロントドア}→

押し出しカット（中間平面）

中心がエッジに貫通する円を作成し、🔲 ［**押し出しカット**］ の ［**中間平面**］ を使用してボディをカットします。

1. 《↔**正面**》 に 🔘 ［**円**］ を使用して幾何拘束が自動的に追加されないように○**円**を作成します。

2. 作成した円の ⊙ **中心点**と下図に示す ▯ **直線エッジ**を 👆 クリックし、**コンテキストツールバー**より
   🔗 ［**貫通拘束**］ を 👆 クリック。

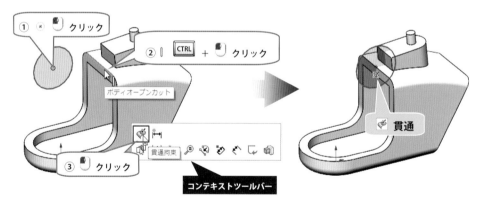

3. 🔽 ［**スマート寸法**］ にて円の ↘ **直径寸法 <⬚5>** を記入して**完全定義**させます。

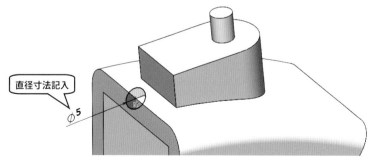

4. Command Manager【フィーチャー】タブの [押し出しカット] を クリック。

5. 「押し出し状態」より［中間平面］を選択し、「深さ／厚み」に＜ 1 5 ENTER ＞と入力。
プレビューを確認して ✓ [OK] ボタンを クリック。

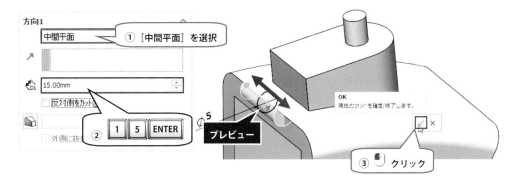

6. フィーチャーの名前を＜カット D5×15＞に変更します。

押し出しボス（エンティティ変換／スケッチの共用）

《 カット D5×15》で使用したスケッチを使用してボスを作成します。

1. 下図に示す 面でスケッチを開始します。

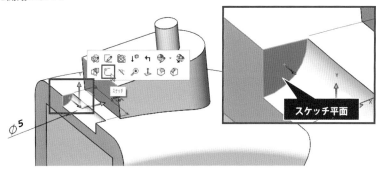

2. 《 カット D5×15》で使用したスケッチを Feature Manager デザインツリーから クリックして選択し、
Command Manager またはショートカットツールバーより [エンティティ変換] を クリック。

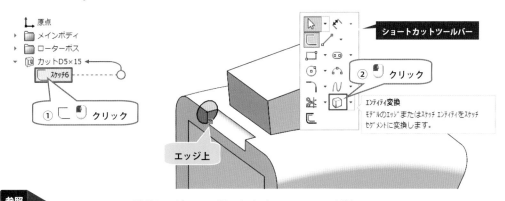

参照　STEP1　7.3.4　輪郭をコピーして押し出す（エンティティ変換）　(P72)

3. Command Manage【フィーチャー】タブの [📦] ［**押し出しボス／ベース**］を 🖱 クリック。

4. ［**ブラインド**］で [📐] 「**深さ／厚み**」に<[5] [ENTER]>と ⌨️入力し、[↗] ［**反対方向**］を 🖱 クリックして
   反転します。プレビューを確認して [✓] ［**OK**］ボタンを 🖱 クリック。

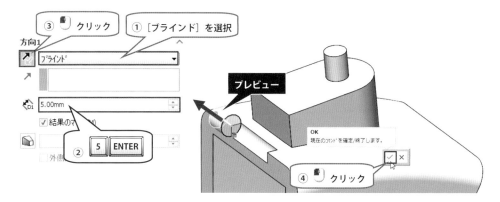

5. フィーチャーの名前を<**ボス D5×5**>に**変更**します。

押し出しカット（止め穴）

直径 3mm、深さ 3mm の止め穴を作成します。

1. 下図に示す ■ 面で**スケッチ**を**開始**し、◎ [**円**] を使用して下図の位置に**円**を作成します。

   円の × **中心点**と円形エッジの ● **中心点**で ⋏ [**一致拘束**] を追加、または ○ **円**と ◗ **円形エッジ**で

   ◎ [**同心円拘束**] を追加します。**直径寸法** < [3] > を**記入**して**完全定義**させます。

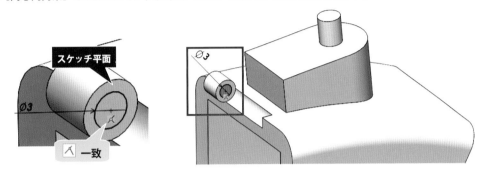

2. Command Manage【**フィーチャー**】タブの 🔲 [**押し出しカット**] を 🖱 クリック。

3. [**ブラインド**] で 🔧 「**深さ／厚み**」に< [3] [ENTER] > と ⌨ 入力し、プレビューを確認して

   ✓ [**OK**] ボタンを 🖱 クリック。

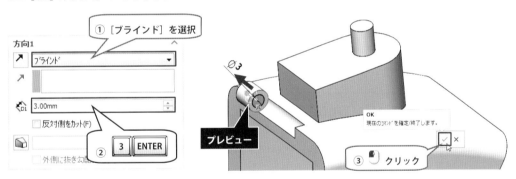

4. フィーチャーの名前を<**カット D3×3**>に変更します。

ミラーコピー

《⊕**正面**》をミラー面とし、《🔲 **ボス D5×5**》と《🔲 **カット D3×3**》を反対側へコピーします。

1. 《🔲 **ボス D5×5**》と《🔲 **カット D3×3**》を《⊕**正面**》の反対側に**ミラーコピー**します。

   Command Manage【**フィーチャー**】タブの 🔲 [**ミラー**] を 🖱 クリック。

2. 🔲「**ミラー面／平面**」は、**フライアウトツリー**を▼**展開**して《⊕**正面**》を 🖱 クリック。

   🔲「**ミラーコピーするフィーチャ**」は、フライアウトツリーまたはグラフィックス領域より

   《🔲 **ボス D5×5**》と《🔲 **カット D3×3**》を 🖱 クリック。

   プレビューを確認して ✓ [**OK**] ボタンを 🖱 クリック。

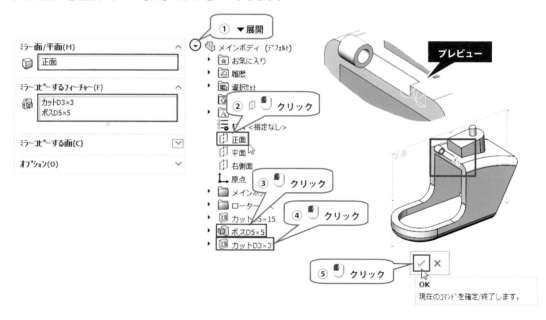

3. フィーチャーの名前を<**軸受けミラー**>に**変更**します。

4. Feature Manager デザインツリーより《🔲 **カット D5×15**》を 🖱 クリック、

   《🔲 **軸受けミラー**》を [**SHIFT**] を押しながら 🖱 クリック。

   Feature Manager デザインツリーまたはグラフィックス領域で 🖱 右クリックし、メニューより

   [🗀 **新規フォルダーに追加（L）**] を 🖱 クリック。

5. <**軸受け**>と⌨入力して [ENTER] を押すと、アイテムは {📁 **軸受け**} にまとめられます。

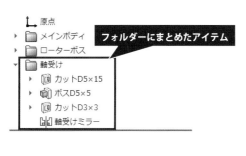

フォルダーにまとめたアイテム

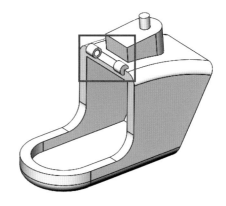

参照　STEP2　10.2.7　ミラーコピー (P94)

12.1.5　穴の作成（スケッチ駆動パターン）

[**スケッチ駆動パターン**] は、スケッチ内の**点エンティティを使用**してフィーチャーを**パターン化**します。

[**穴ウィザード**] で穴を1つ作成し、これをパターン化してみましょう。

穴ウィザード

貫通した M3 のねじ穴を [**穴ウィザード**] にて作成します。

1. Command Manager【**フィーチャー**】タブの [**穴ウィザード**] を クリック。

   または**ショートカットツールバー**より [**穴ウィザード**] を クリック。

クリック

穴ウィザード
定義済みの断面を使用した穴を挿入
します。

または

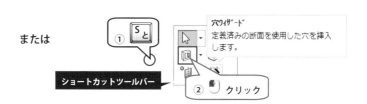

ショートカットツールバー

②　クリック

2. 「穴のタイプ」は 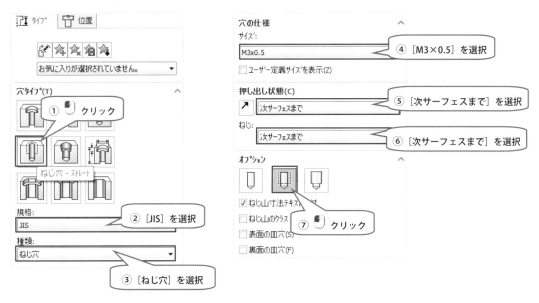 [ねじ穴-ストレート] を 🖱 クリック。

「規格」は [JIS]、「種類」は [ねじ穴]、「サイズ」を [M3×0.5]、「押し出し状態」は [次サーフェスまで]
を選択。「ねじ山タイプ」の「押し出し状態」は、[次サーフェスまで] が自動選択されます。

「オプション」は 📥 [ねじ山] を 🖱 クリック。

3. [位置] タブを 🖱 クリックし、下図に示す ■ 面を 🖱 クリック。

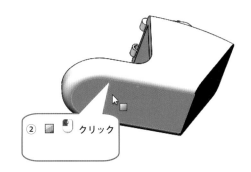

4. **面上の穴をあける位置**で 🖱 クリックし、ESC を押して配置を終了します。

（※バージョンにより面をクリックした位置に穴が配置されます。）

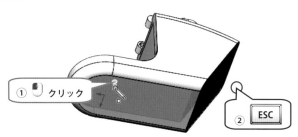

5. 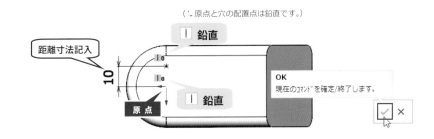 [表示方向] から [底面] を クリック。ショートカットは CTRL + 6お 。

6. [鉛直拘束] と 距離寸法でスケッチを**完全定義**させ、 [OK] ボタンを クリック。

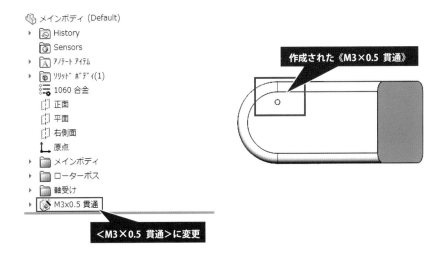

(∵ 原点と穴の配置点は鉛直です。)

| 鉛直

距離寸法記入

10

| 0

| 0

| 鉛直

原点

OK
現在のコマンドを確定/終了します。

✓ ×

7. フィーチャーの名前を<**M3×0.5 貫通**>に**変更**します。

メインボディ (Default)
  ▸ History
    Sensors
  ▸ アノテート アイテム
  ▸ ソリッド ボディ(1)
    1060 合金
    正面
    平面
    右側面
    原点
  ▸ メインボディ
  ▸ ローターボス
  ▸ 軸受け
  ▸ M3x0.5 貫通

<M3×0.5 貫通>に変更

作成された《M3×0.5 貫通》

参照　　　STEP2　10.2.3　ボルト穴の作成（穴ウィザードの使用）（P77）

[スケッチ駆動パターン] を使用して《
M3×0.5 貫通》をコピーします。

1. 《
M3×0.5 貫通》をパターン化するための点を作成します。

   穴を配置した ■面（底面）でスケッチを開始します。

2. 【スケッチ】タブの □ [点] を 🖑 クリックし、下図に示す面上の3箇所で 🖑 クリック。

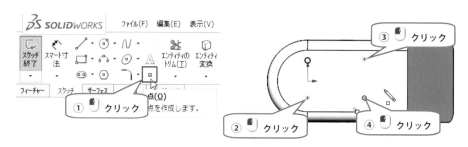

3. ― [水平拘束] と | [鉛直拘束]、📐 距離寸法にてスケッチを完全定義させます。

   ↵ [OK] ボタンを 🖑 クリックしてスケッチを終了します。

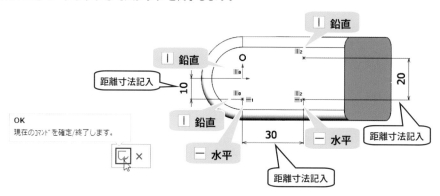

4. スケッチの名前を<穴配置点>に変更します。

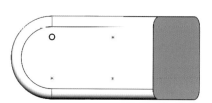

POINT スケッチの自動寸法づけ（スケッチの完全定義）

[スケッチの完全定義] を使用すると、すべてまたは選択したエンティティに**寸法**を**自動記入**できます。

1. メニューバーの［ツール（**T**）］ ＞ ［寸法配置（**S**）］ ＞ [スケッチの完全定義（**F**）] を
   クリック。

2. **Property Manager** に「 スケッチの完全定義」が表示されます。ここで寸法と拘束のオプションを
   設定します。[**基準線寸法**] では、水平および垂直方向の**寸法の基準点**と**寸法の配置位置**を設定します。

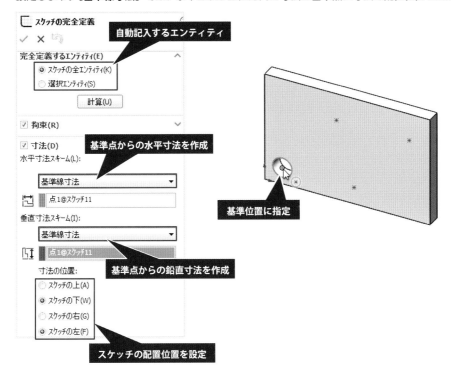

3. [**OK**] ボタンを クリックすると、**基準位置からの寸法**と**幾何拘束**が**自動記入**されます。
   「**完全定義するエンティティ**」で「**スケッチの全エンティティ**」を 選択した場合は**完全定義**します。

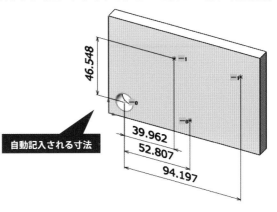

5. Command Manager【フィーチャー】タブの 器 [直線パターン] 下の ˇ を 🖑 クリックして展開し、
   品 [スケッチ駆動パターン] を 🖑 クリック。

6. Property Manager に「品 スケッチ駆動パターン」が表示されます。

   🖙 「参照スケッチ」はフライアウトツリーまたはグラフィックス領域より《∟ 穴配置点》を 🖑 クリック。

   🖫 「パターン化するフィーチャー」はフライアウトツリーまたはグラフィックス領域より

   《🖫 M3×0.5 貫通》を 🖑 クリック。プレビューを確認して ✓ [OK] ボタンを 🖑 クリック。

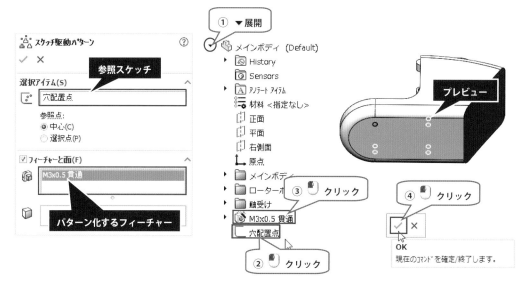

7. フィーチャーの名前を<M3 穴パターン>に変更します。

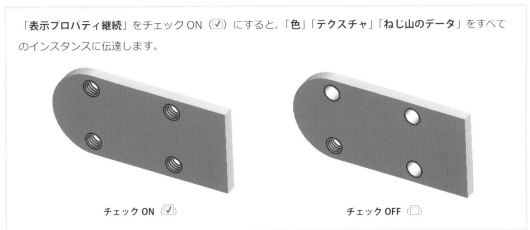

👍 POINT 表示プロパティ継続

「表示プロパティ継続」をチェック ON（☑）にすると、「色」「テクスチャ」「ねじ山のデータ」をすべてのインスタンスに伝達します。

チェック ON（☑）　　　　　　　チェック OFF（☐）

👍 POINT 参照点

インスタンスの配置基準を「中心点」または「選択点」から ◉ 選択します。

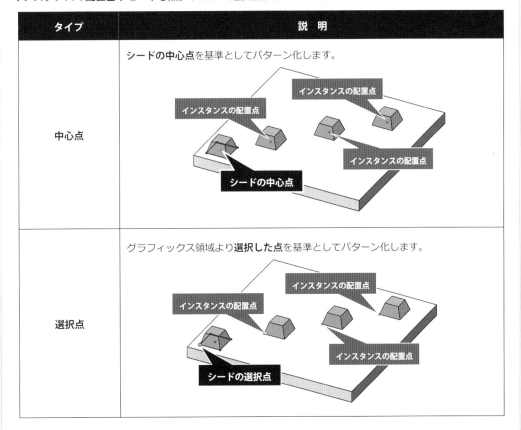

タイプ	説　明
中心点	シードの中心点を基準としてパターン化します。
選択点	グラフィックス領域より選択した点を基準としてパターン化します。

SOLIDWORKS では、下表のように多くの種類のパターンをサポートしています。

タイプ	説 明	
直線パターン	均等な間隔に個数を指定して フィーチャーまたはボディをコピーします。	
円形パターン	軸を中心に個数、角度を指定して フィーチャーまたはボディを回転コピーします。	
ミラーパターン	平面や面を対称面とし、フィーチャーまたはボディを回転コピーします。	
カーブ駆動	平面に作成した曲線などのエンティティや 3D カーブ上にフィーチャーまたはボディをコピーします。	
スケッチ駆動	スケッチ上の点をコピー位置とし、 フィーチャーまたはボディをコピーします。	
テーブル駆動	座標系を使用した XY 位置テーブルに 基づいてフィーチャーまたはボディを コピーします。	
フィルパターン	面上に指定した間隔にフィーチャーまたはボディをコピーします。 4 つのパターンレイアウトから選択できます。	

12.1.6 スロット穴の作成

スロット穴（長穴）は、🖳 [**押し出しカット**] または 🔩 [**穴ウィザード**] で作成できます。

ここでは**スロット形状**の**スケッチ輪郭**を作成し、それを 🖳 [**押し出しカット**] を使用して作成する方法を説明します。

1. モデルの■**底面**で**スケッチ**を**開始**し、⏏ [**アイテムに鉛直**] で■面を**正面**に向けます。

2. Command Manager【**スケッチ**】タブの ⊡ [**ストレートスロット**] 横の ˙ を 🖱 クリックして**展開**し、⊡ [**中心点ストレートスロット**] を 🖱 クリック。

   または**ショートカットツールバー**より ⊡ [**中心点ストレートスロット**] を 🖱 クリック。

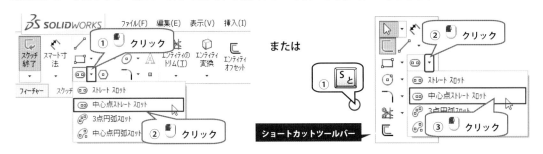

3. Property Manager に「⊡ **スロット**」が表示されます。

   「**寸法追加**」をチェック ON（☑）にし、 [**全体長さ**] を 🖱 クリック。

   スロットの**中心点**になる位置（**A**）で 🖱 クリックし、カーソルを水平に移動して**水平拘束**が自動追加される位置（**B**）で 🖱 クリック。

   カーソルを**外側**（**C**）に移動すると**スロット**の**幅**が変わるので、🖱 クリックして決定します。

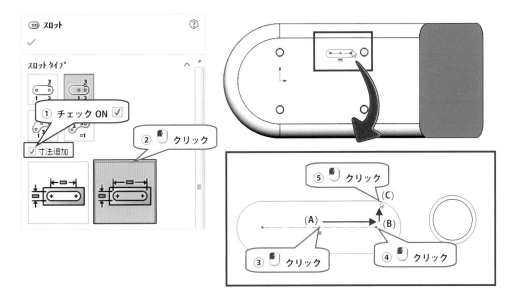

4. ESC を押してコマンドをキャンセルします。

5. **スロット**に ✏ **寸法**が**自動追加**されるので、**幅**< 1 . 5 >、**長さ**を< 8 >に**修正**します。

   ↳ **原点**からの ✏ **距離寸法**< 1 2 . 5 >と< 2 2 >を**追加**して**スケッチ**を**完全定義**します。

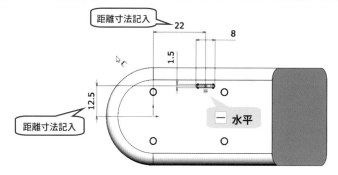

6. Command Manager【**フィーチャー**】タブの 🔲 [**押し出しカット**] を 🖱 クリック。

7. 「**押し出し状態**」より [**次サーフェスまで**] を選択し、プレビューを確認して ✅ [**OK**] ボタンを 🖱 クリック。

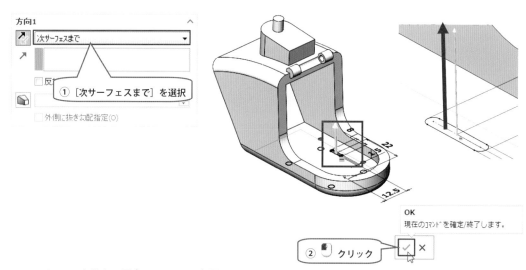

8 フィーチャーの名前を<**長穴 8×1.5**>に**変更**します。

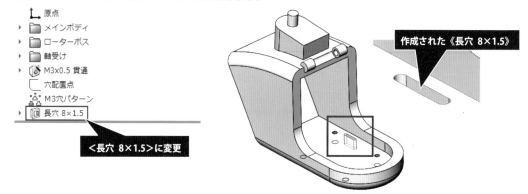

9. 《▥ 長穴 8×1.5》を《▯正面》の反対側にミラーコピーします。

Command Manager【フィーチャー】タブの ▥▥ [ミラー] を 🖱 クリック。

10. ▣「ミラー面/平面」は、フライアウトツリーを▾展開して《▯正面》を 🖱 クリック。

▣「ミラーコピーするフィーチャ」は、フライアウトツリーまたはグラフィックス領域より《▥長穴 8×1.5》

を 🖱 クリック。プレビューを確認して ✓ [OK] ボタンを 🖱 クリック。

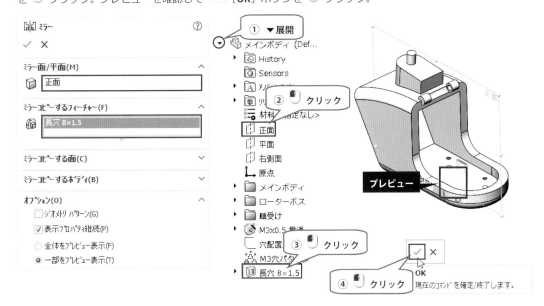

11. 《▥長穴 8×1.5》が《▯正面》の反対側にコピーされます。

フィーチャーの名前を<長穴ミラー>に変更します。

12. Feature Manager デザインツリーより《▥M3×0.5 貫通》を 🖱 クリック、《▥▥ 長穴ミラー》を SHIFT を

押しながら 🖱 クリック。Feature Manager デザインツリーまたはグラフィックス領域で 🖱 右クリックし、

メニューより [📁 新規フォルダーに追加（L）] を 🖱 クリック。

13. <穴>と ⌨ 入力して ENTER を押すと、アイテムは {📁 穴} にまとめられます。

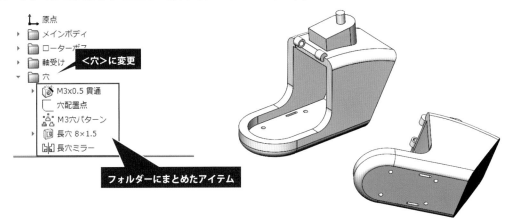

スロットの寸法タイプには、以下の2つのタイプがあります。（※円弧スロットに寸法記入機能はありません。）

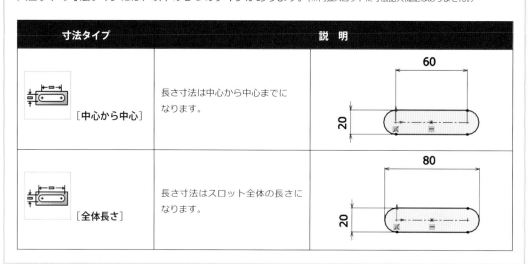

寸法タイプ	説　明	
［中心から中心］	長さ寸法は中心から中心までになります。	
［全体長さ］	長さ寸法はスロット全体の長さになります。	

スケッチでスロットを選択した場合、以下の幾何拘束を追加することができます。

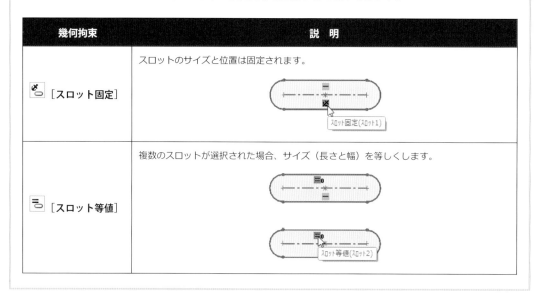

幾何拘束	説　明
［スロット固定］	スロットのサイズと位置は固定されます。
［スロット等値］	複数のスロットが選択された場合、サイズ（長さと幅）を等しくします。

スケッチのスロットには、以下の4つのタイプがあります。

スロットのタイプ	説　明
[ストレートスロット]	2つのスロット円弧の中心点とスロット半径を指定して直線状のスロットを作成します。 ③ クリック ① クリック　② クリック
[中心点ストレートスロット]	スロットの中心点、スロット円弧の中心点、スロット半径を指定して直線状のスロットを作成します。 ③ クリック ① クリック　② クリック
[3点円弧スロット]	スロット円弧の開始点、終了点、通過点、スロット半径を指定して円弧状のスロットを作成します。 ③ クリック　④ クリック ② クリック ① クリック
[中心点円弧スロット]	スロット円弧の中心点、開始点、終了点、スロット半径を指定して円弧状のスロットを作成します。 ④ クリック ③ クリック　② クリック ① クリック

穴ウィザードでは、以下の3つのタイプのスロット穴を作成できます。

スロット穴のタイプ	説　明	
[座ぐり穴スロット]	座ぐり付きのスロット穴を作成します。 多くの種類のねじに対応しています。	
[皿穴スロット]	皿穴付きのスロット穴を作成します。 多くの種類の皿ねじに対応しています。	
[スロット]	スロット穴を作成します。 表面、裏面に面取りを指示できます。	

12.1.7 文字形状の作成

スケッチでは「**フォント**」「**スタイル**」「**大きさ**」などを指定して **A テキスト（文字）** を作成できます。

A テキストは他のエンティティと同じように**フィーチャー**で**使用可能**です。

[押し出しボス／ベース] を使用して**浮き出した文字**を作成します。

1. 下図に示す ■ **面**で**スケッチ**を**開始**し、 [**アイテムに鉛直**] で ■ **面**を**正面**に向けます。

   [**中心線**] を使用して下図の示す位置に**水平**な ‖ **作図線**を作成します。

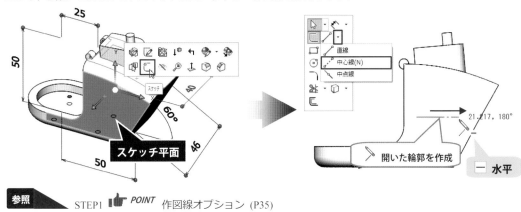

参照　　　STEP1 👉 POINT 作図線オプション (P35)

2. Command Manager【**スケッチ**】タブより A [**テキスト**] を クリック。

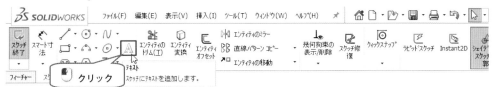

3. Property Manager に「A **スケッチテキスト**」が表示されます。

   A テキストは、**カーブ**上（直線や円弧など）に**配置**できます。

   「**カーブ**」の選択ボックスがアクティブになっているので、 ‖ **作図線**をグラフィックス領域より

   クリックして選択します。「**テキスト**」の入力ボックスを クリックしてアクティブにし、

   < P O L I C E >または任意の文字を 入力。(※ひらがなや漢字などの文字、記号なども可能)

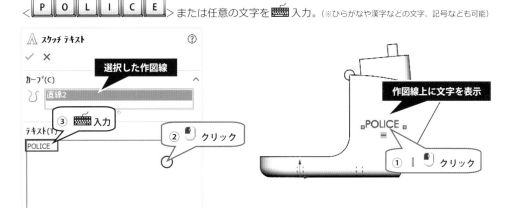

4. **A**テキストの「**フォント**」「**スタイル**」「**大きさ**」などはユーザーで指定できます。

「**ドキュメントフォント使用**」をチェック OFF（☐）にし、 フォント...(F) を 🖱 クリック。

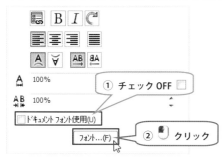

① チェック OFF ☐

② 🖱 クリック

5. 『**フォント選択**』ダイアログが表示されるので「**フォント**」「**スタイル**」「**サイズ**」を指定します。

［**MS ゴシック**］［**太字**］を選択し、「**サイズ**」は［**単位**］を ◉ 選択して＜ 5 ＞と ⌨ 入力。

OK を 🖱 クリックしてダイアログを閉じます。

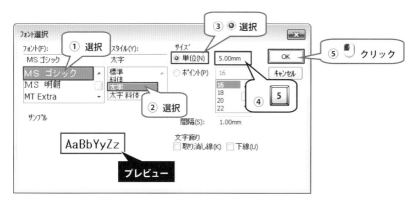

③ ◉ 選択

① 選択

② 選択

⑤ 🖱 クリック

④ 5

プレビュー

6. ダイアログで設定した「**フォント**」「**スタイル**」「**サイズ**」が**文字**に**適用**されます。

✓ ［**OK**］ボタンを 🖱 クリックして、**A**［**テキスト**］を終了します。

OK
現在のコマンドを確定/終了します。

🖱 クリック

MS ゴシックの太字、文字高さ 5mm

⚠

画数の多い漢字などは、選択したフォントや
スタイルにより自己交差します。
自己交差したテキストは押し出しフィーチャー
で使用できません。

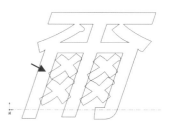

7. Command Manager【フィーチャー】タブの 🔲 [押し出しボス／ベース] を 🖱 クリック。

8. 🔲「深さ／厚み」に＜ 0 . 2 ＞と⌨入力し、☑[OK] ボタンを 🖱 クリック。

 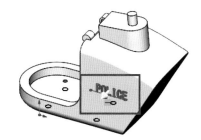

9. フィーチャーの名前を＜**POLICE**＞に**変更**します。

10. 材料を定義します。Feature Manager デザインツリーから {🗒 材料＜指定なし＞} を 🖱 右クリックし、メニューより [🗒 材料編集 (**A**)] を 🖱 クリック。

11. 『**材料**』ダイアログが表示されるので [🗐 **solidworks materials**] ＞ [🗐 **アルミ合金**] を⊿展開し、[🗟 **1060 合金**] を 🖱 クリック。 適用(A)、閉じる(C) を 🖱 クリック。

12. 任意の 🌐 [**外観**] を設定し、🖫 [**保存**] にて上書き保存をします。
ウィンドウ右上の ✕ を 🖱 クリックして {🗐 **メインボディ**} を一度閉じます。

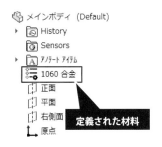 

「🅰 スケッチテキスト」の「カーブ」にはスケッチエンティティ（直線、円弧、曲線）、モデルのエッジ、カーブを選択できます。円や楕円などの閉じたエンティティ上にも配置できます。

| 円上に配置したテキスト | スプライン上に配置したテキスト |

 POINT テキストのプロパティ

🅰テキストのプロパティには次のものがあります。

設定	説明
テキスト	テキストボックスに文字を入力すると、グラフィックス領域に選択したカーブに沿って文字が表示されます。カーブが選択されていない場合は、原点を始点として文字が水平に表示されます。 **ENTER** を押すと改行します。
プロパティへリンク	テキストをユーザー定義のプロパティにリンクさせます。 🖼 を 🖱 クリックすると、『**プロパティへのリンク**』ダイアログが表示されます。
スタイル	テキストボックスに入力した文字を選択し、**B** [**太字**]、*I* [**斜体**] を 🖱 クリックすると太字、斜体に変更します。 🔄 [**回転**] は＜r30＞を挿入して文字を 30 度回転させます。角度は＜　＞内の数字を編集することで変更できます。
位置合わせ	テキストの位置合わせを行います。 ▤ [**左揃え**]、▤ [**中央揃え**]、▤ [**右揃え**]、▤ [**フル揃え**] を 🖱 クリックします。
反転	テキストを反転します。 🅰▽ [**垂直に反転方向**]、または ▽🄰 [**水平に反転方向**] を 🖱 クリックします。
幅係数	「**ドキュメントフォントの使用**」をチェック OFF（▢）にして設定します。文字の幅を比率で設定します。既定は 100%です。
間隔	「**ドキュメントフォントの使用**」をチェック OFF（▢）にして設定します。文字の間隔を文字幅の比率で設定します。既定は 100%です。

POINT 使用可能なフォント

使用可能なフォントは、Windows にインストールされているフォントです。

よってパソコンにより使用できるフォントは異なります。

Windows 標準フォント、縦書きフォント（@マークからはじまる）、日本語未対応なフォント、

押し出すことができない輪郭情報がないフォント（ストロークフォント）など多くの種類があります。

日本語部分は□で表示

縦書きフォント　　　　日本語未対応なフォント　　　　ストロークフォント

POINT テキストの編集

スケッチ編集の状態にし、グラフィックス領域より編集する **A テキスト**を $^{×2}$ ダブルクリックします。
Property Manager に「**A スケッチテキスト**」が表示されます。

POINT テキストの解体

Aテキストスケッチを 右クリックし、メニューより［**テキストスケッチの解体（U）**］を
クリックすると**直線**や**スプライン**などエンティティに**変換**されます。

① A 右クリック

輪郭選択ツール (A)
選択ツール
拡大表示/パンニング/回転
グリッド 表示 (E)
最近使用したコマンド (R)
スケッチ エンティティ
寸法配置の詳細 (M)
関係
幾何拘束の表示/削除... (K)
スケッチ完全定義... (L)
拘束/スナップ
選択エンティティ (スケッ
削除 (O)
スケッチ テキストの解体 (U)
スケッチ ツール

② クリック

変換されたテキスト

⚠ スケッチテキスト編集中には解体することはできません。

12.2 部品分割による部品作成

前の項で作成した部品 {🧩 **メインボディ**} を**複数に分割**して**別の部品**を作成できます。

マルチボディ化した部品から新規部品を作成する方法はいくつかありますが、ここでは 🖼️ [**部品分割**] を使用した方法について説明します。🖼️ [**部品分割**] は、面、平面、サーフェスを境界としてソリッドボディ（またはサーフェスボディ）を分割し、個々のボディを新規の部品ファイルとして保存します。

（※SOLIDWORKS2012 以降の機能です。2011 以前のバージョンでは [押し出しカット] や [サーフェス使用のカット] などの機能で分割します。）

《🗐**正面**》を**境界**として {🧩 **メインボディ**} を**2分割**し、**新規**に**2つの部品**を**作成**します。

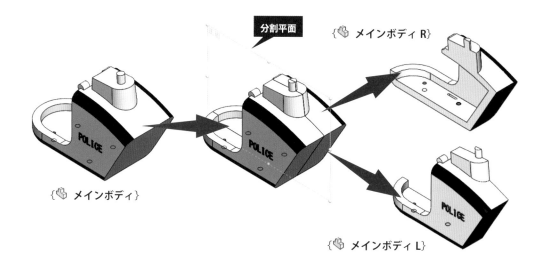

1. **前の項**で**作成**した {🧩 **メインボディ**} を使用します。

   [Rす] を押すと**最近開いたファイルの一覧**が『**ようこそ - SOLIDWEORKS**』ダイアログに表示されるので、{🧩 **メインボディ**} を 🖱️ クリックします。

   部品ファイルがない場合は、ダウンロードしたフォルダー {📁 **Chapter 12**} > {📁 **FIX**} より {🧩 **メインボディ_FIX**} を開いてください。

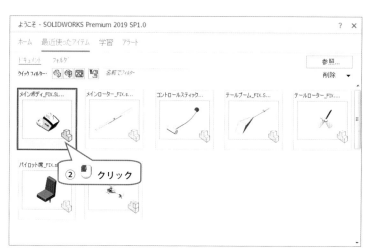

2. メニューバーの［挿入（I）］＞［フィーチャー（R）］＞ ［部品分割（L）］を 🖱 クリック。

3. Property Manager に「🗐 部品分割」が表示されます。

「トリムツール」の 🖢「トリムサーフェス」（分割の境界）の選択ボックスがアクティブになっています。

フライアウトツリーを▼展開して《◫正面》を 🖱 クリック。

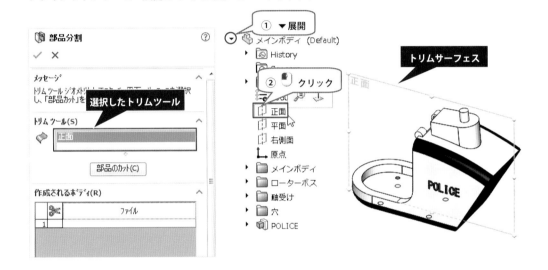

4. 部品のカット(C) を 🖱 クリックすると、《◫正面》を境界にソリッドボディが2分割されます。

「作成されるボディ」に分割されるボディ、グラフィックス領域に吹き出しボックスを表示します。

「名前フィールド」の初期名は＜なし＞になっており、＜なし＞を 🖱 クリックするとボディをハイライト

します。グラフィックス領域のボディまたは吹き出しボックスにカーソルを合わせるとハイライトします。

（※「作成されるボディ」のリストは最大 10 まで、それ以上はスクロールにて表示します。）

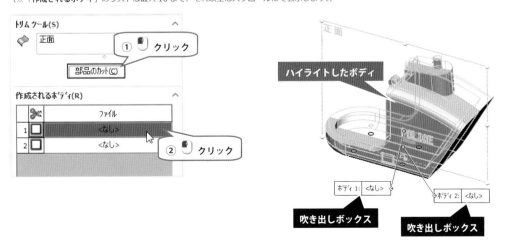

5.	**上段**の**名前フィールド**を 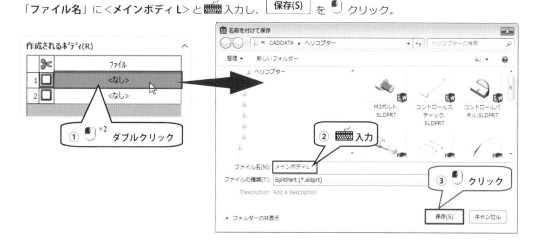×2 ダブルクリックすると、『**名前を付けて保存**』ダイアログが表示されます。

	「**ファイル名**」に<**メインボディ L**>と⌨入力し、 保存(S) を 🖱 クリック。

6.	**下段**の**名前フィールド**を 🖱×2 ダブルクリックすると、『**名前を付けて保存**』ダイアログが表示されます。

	「**ファイル名**」に<**メインボディ R**>と⌨入力し、 保存(S) を 🖱 クリック。

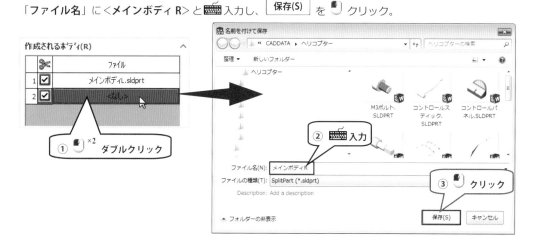

7.	「**表示プロパティ継続**」をチェック ON（☑）にすると、新規作成される部品に**外観情報**を引き渡します。

	✓ [**OK**] ボタンを 🖱 クリックして**部品分割**を**実行**します。

	（※「**表示プロパティ継続**」は SOLIDWORKS2016 以降の機能です。）

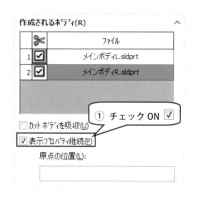

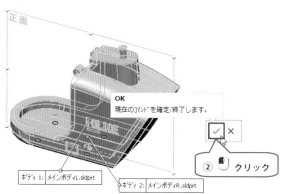

8. 下図のダイアログが表示された場合は、 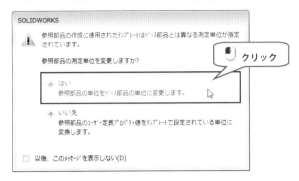 を クリック。

作成される部品ファイルの単位系を参照部品と同じにします。

9. 新しい部品ファイルが作成されて自動的に開きます。ウィンドウを左右に並べて確認しましょう。

メニューバーの [ウィンドウ (W)] > [左右に並べて表示 (V)] を 🖱 クリック。

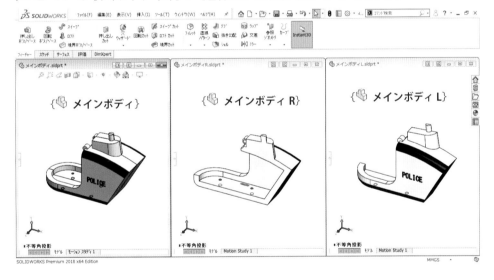

10. {🧩 メインボディ} に [🧩 部品分割 1] が追加されたことを確認します。

┗ 原点
▶ 📁 メインボディ
▶ 📁 ローターボス
▶ 📁 軸受け
▶ 📁 穴
▶ 📁 POLICE
[📦 部品分割1]

11. {🧊 **メインボディ L**} と {🧊 **メインボディ R**} の Feature Manager デザインツリーを確認します。

[🧊 **ストック-メインボディ-1->**] があることを確認します。

「->」は**外部参照マーク**といい、**外部にある部品などを参照**して作られていることを意味しています。

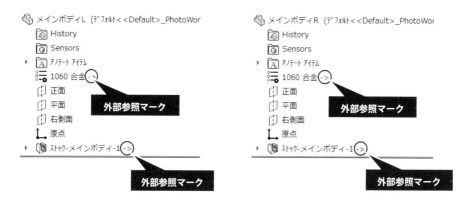

▶ **参照元**である {🧊 **メインボディ**} の変更と [🧊 **部品分割 1**] の前に追加されたフィーチャーは、これを参照している {🧊 **メインボディ L**} と {🧊 **メインボディ R**} に**自動的**に**反映**されます。

▶ {🧊 **メインボディ**} の [🧊 **部品分割 1**] の後に追加されたフィーチャーは反映されません。

▶ {🧊 **メインボディ L**} と {🧊 **メインボディ R**} で追加したフィーチャーは、参照元の {🧊 **メインボディ**} には反映されません。

12. これで {🧊 **メインボディ**} 部品の完成です。

関連するファイルはすべて 💾 [**保存**] し、閉じて終了します。

（※完成モデルはダウンロードフォルダー { 📁 **Chapter12**} ＞ { 📁 **FIX**} ＞ { 📁 **部品分割**} に保存されています。）

[部品分割] で選択可能な「**トリムツール**」は、次のタイプをサポートしています。

タイプ	説　明
参照平面	🔲 **参照平面**は、**全方向に無限に延長**して分割します。**複製選択**できます。 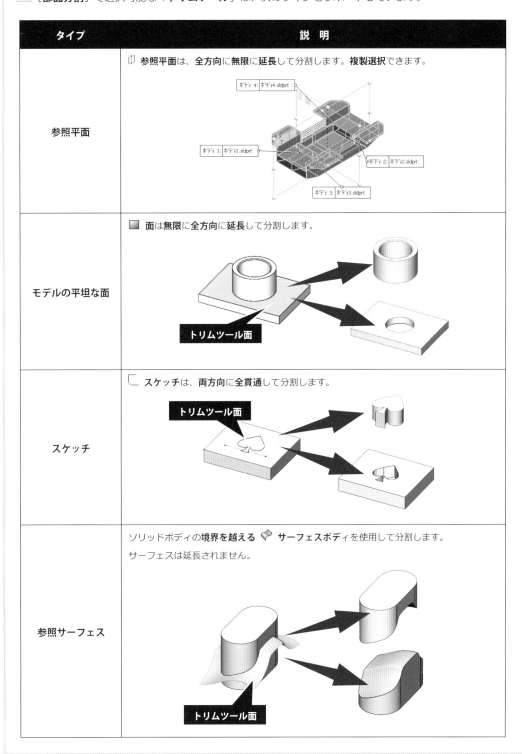ボディ 4: ボディ4.sldprt ボディ 1: ボディ1.sldprt　ボディ 2: ボディ2.sldprt ボディ 3: ボディ3.sldprt
モデルの平坦な面	▇ 面は**無限**に**全方向**に**延長**して分割します。 トリムツール面
スケッチ	└ **スケッチ**は、**両方向**に**全貫通**して分割します。 トリムツール面
参照サーフェス	ソリッドボディの**境界を越える** 🗸 **サーフェスボディ**を使用して分割します。 サーフェスは延長されません。 トリムツール面

「**ターゲットボディ**」オプションは部品分割する部品が**マルチボディ**の場合に使用できます。

[**すべてのボディ**]、[**選択ボディ**] のいずれかを ◉ 選択します。

▸ {🧊 **メインボディ**} の [🍽 **部品分割 1**] の後に追加されたフィーチャーは反映されません。

▸ {🧊 **メインボディ L**} と {🧊 **メインボディ R**} で追加したフィーチャーは、参照元の
{🧊 **メインボディ**} には反映されません。

[名前自動設定(T)] を 🖱 クリックすると、<ﾎﾞﾃﾞｨ<n>.sldprt> という**名前**が**自動的**に付けられます。

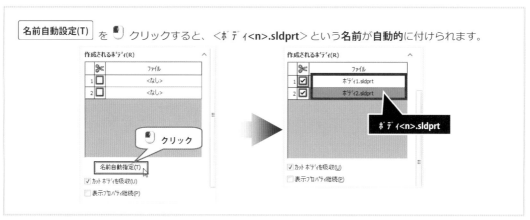

「**部品分割**」をチェック OFF（☐）すると、ボディを別の部品として保存しません。

✂ [**すべて選択**] を 🖱 クリックすると、**すべてのチェック**を ON（☑）／OFF（☐）します。

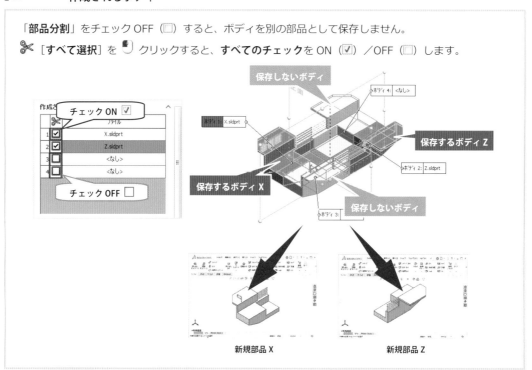

新規部品 X   新規部品 Z

👍 POINT カットボディを吸収

「**カットボディを吸収**」をチェックを ON（☑）にすると、**元の部品から分割したソリッドボディを削除し**ます。

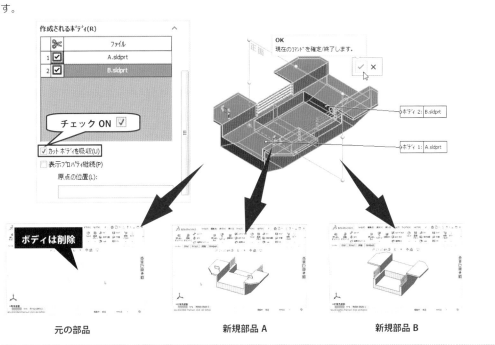

| 元の部品 | 新規部品 A | 新規部品 B |

👍 POINT 原点の位置

ユーザーが指定した🔲ソリッドボディの◦頂点を📍原点位置に設定できます。

1. 「**作成されるボディ**」より**原点を指定**する**ボディ**をリストより 🖱 クリックして選択。

2. 「**原点の位置**」の選択ボックスを 🖱 クリックしてアクティブにします。

3. グラフィックス領域より**原点**に指定する◦頂点を 🖱 クリック。

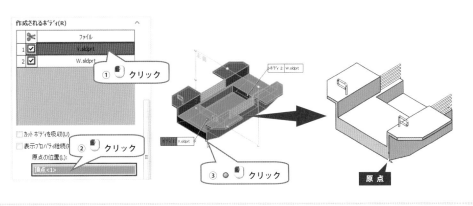

[**サーフェス使用のカット**] は、参照平面やサーフェスを使用してソリッドモデルをカットします。
SOLIDORKS2010 および 2011 の完成モデルは [**サーフェス使用のカット**] を使用して《**正面**》を
境界にボディをカットしています。

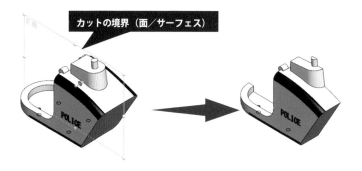

さらにコンフィギュレーションを使用して 1 つの部品ファイルで下図の 3 つ形状を表現しています。

参照　15.3 コンフィギュレーション（P123）

Chapter13

設計変更

ヘリコプターの部品 { パイロット席} を設計変更し、下記の操作を学びます。

指定保存

Part Reviewer で作成手順を確認する

ロールバックバーを使用しての設計変更
▶ *ロールバックを操作する*
▶ *履歴を遡ってフィーチャーを挿入する*

再構築ツール
▶ *ロールバックして最適化*
▶ *フリーズバーで最適化*
▶ *フィーチャーを抑制して最適化*

フィーチャー間の依存関係
▶ *親子関係ダイアログ*
▶ *参照の可視化ツール*
▶ *履歴の順序変更*
▶ *フィーチャーの削除*

スケッチエンティティの置き換え

フィーチャーのコピー

13.1 *指定保存*

流用する部品ファイルを開き、**違う名前**で**保存**します。

1. ダウンロードフォルダー { 📁 **Chapter 13**} にある部品ファイル {🖐 **パイロット席**} を開きます。

パイロット席.sldprt

2. 「**パイロット席_VER2**」という名前で保存します。

   メニューバーの [**ファイル（F**）] > 🖫 [**指定保存（A**）] を 🖱 クリックするか、

   標準ツールバーの 🖫 [**指定保存**] を 🖱 クリック。

3. 『**指定保存**』ダイアログが表示されます。保存先フォルダーの選択、ファイル名に <**パイロット席_VER2**> と

   ⌨ 入力し、 保存(S) を 🖱 クリック。

👉 **POINT** コピー指定保存

データの大幅な編集や流用設計をする際、データの**コピー**をしておくと便利です。

例えば「**部品 A**」というファイルがあり、『**指定保存**』ダイアログで「**コピーを指定保存して続行**」を

⊙ 選択してファイル名に「**部品 A_修正**」と入力して保存します。

元のファイル「**部品 A**」は保存して閉じ、「**部品 A_修正**」が開いた状態になります。

Feature Manager デザインツリーのトップレベルは「**部品 A_修正**」ではなく「**部品 A**」と表示されます。

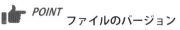 POINT ファイルのバージョン

以前のバージョンで作成された SOLIDWORKS のモデルは、保存と同時に新しいバージョンに変換されます。以前のバージョンのファイルとして指定保存できませんので注意してください。

 [**保存**] アイコンに警告マーク「」、吹き出し「**旧バージョンファイル**」が表示されます。

⚠️

新しいバージョンのモデルを以前のバージョンの SOLIDWORKS では開けません。(※一部のバージョンを除く)
開くと下図のメッセージボックスが表示されます。

13.2 **Part Reviewer で作成手順を確認する**

 ［**Part Reviewer**］ を使用すると、**部品の作成手順をフィーチャーごとにレビュー**できます。
これにより部品を**流用設計するための最善の方法**がわかります。

1. Command Manager【評価】タブの  ［**Part Reviewer**］ を クリック。

   画面の解像度により表示されない場合は、一番右の ≫ を クリックすると拡張して表示します。

   （※SOLIDWORKS2012 は ［**アドイン**］ より 「**SOLIDWORKS Part Reviewer**」を選択します。）

2. **タスクパネル**に「**Part Reviewer**」が表示されます。

   タスクパネルを開いた状態に**固定**するには、「📌」（プッシュピン）を クリックする必要があります。

   表示を**固定状態**のプッシュピンは「📌」に変わります。

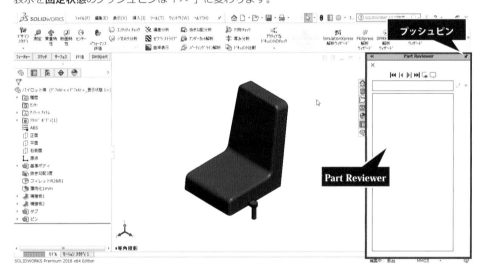

3. **スケッチの詳細**を**表示**するには、 ［**スケッチの詳細表示**］ を クリックしてオンにします。

   オンの状態ではアイコンが**押された状態** （押し込んだ暗い色）で表示します。

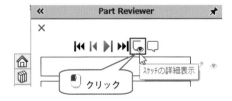

4. 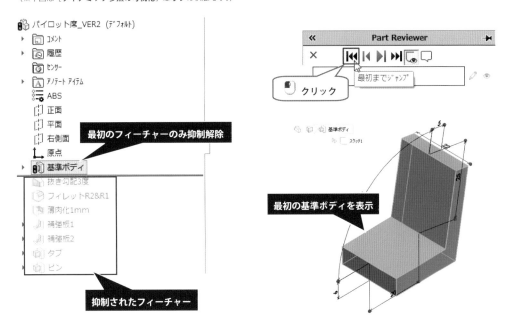 [最初までジャンプ] を 🖱 クリックすると、**履歴**を**最初のフィーチャー作成後**に遡ります。

（※下図は［**ダイナミック参照の可視化**］は**オフ**の状態です。）

5. 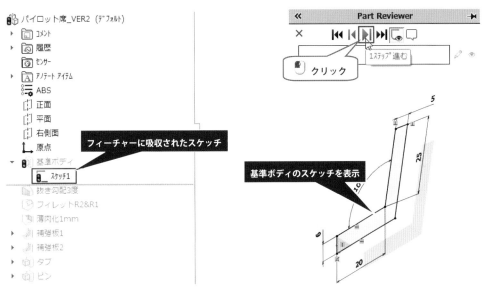 [1 ステップ進む] を 🖱 クリックすると**履歴**を**1つ下り**ます。

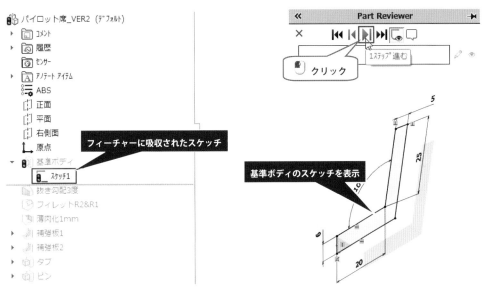 [**スケッチの詳細表示**] がオンになっているので、**フィーチャーに吸収されたスケッチ**を表示します。

6. ツリーアイテムごとに独自の**コメント**を**追加**できます。

（※SOLIDWORKS2012 以降の機能です。）

フィーチャーに追加された**コメント**は、「**Part Reviewer パネル**」に**表示**されます。

🗨 [**コメントを含むフィーチャーのみ表示**] を 🖱 クリックして 🗨 **オン**にします。

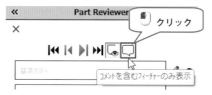

7. ▶| [**1 ステップ進む**] を 🖱 クリックすると、**コメント付きのフィーチャーのみ表示**します。

《🐚 **抜き勾配 3 度**》に＜**日付、時刻、要確認**＞の**コメント**が確認できます。

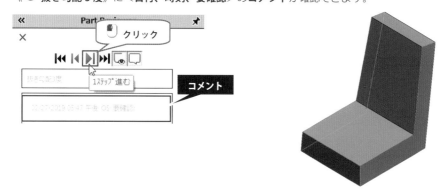

8. **フィーチャー名**と**コメント**を**編集**するには、✏ [**フィーチャー名とコメントを編集**] を 🖱 クリック。

コメントボックスが**アクティブ**になり、**4つのボタン**が表示されます。

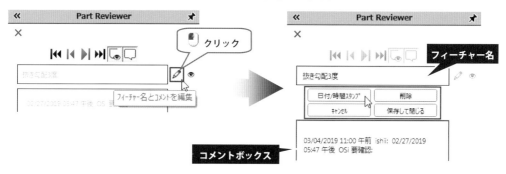

| 日付/時間スタンプ | を 🖱 クリックすると、コメントに**現在の日時を追加**できます。

| 保存して閉じる | を 🖱 クリックすると、コメントを**保存**します。

| キャンセル | を 🖱 クリックすると、コメントの編集を**キャンセル**します。

| 削除 | を 🖱 クリックすると、コメントを**削除**します。

9. **フィーチャー**を**非表示**にするには、 👁 [**フィーチャー非表示**] を 🖱 クリック。

グラフィックス領域からモデルが一時的に消えます。

アイコンが 👁 [**フィーチャー表示**] に変わるので、これを 🖱 クリックすると**再度表示**します。

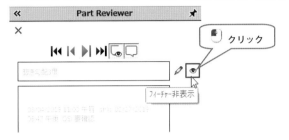

10. 👁 [**スケッチの詳細表示**] と 💬 [**コメントを含むフィーチャーのみ表示**] を 🖱 クリックして**オフ**にします。

11. ◄ [**1 ステップ戻る**] を 🖱 クリックすると**履歴を 1 つ遡り**ます。

12. ►► [**最後までジャンプ**] を 🖱 クリックすると**最後のフィーチャー作成後に履歴を下り**ます。

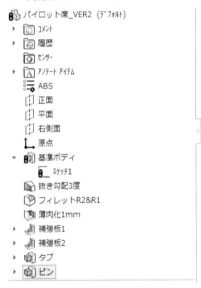

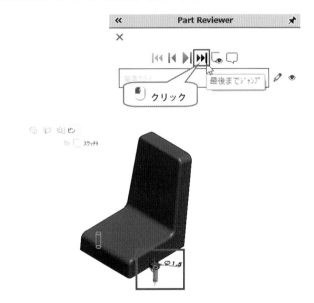

13. ✕ をクリックして「**Part Reviewer**」を閉じます。

POINT Feature Manager デザインツリーからコメントを追加／編集

Feature Manager デザインツリーから**コメント**を**追加**、または**編集**できます。

1. Feature Manager デザインツリーで**コメントを追加するアイテム**を 🖱 右クリックし、

   メニューより [**コメント**] > 🔲 [**コメントの追加（A）**] を 🖱 クリック。

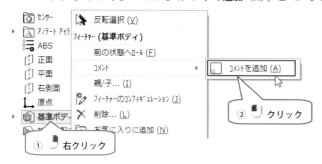

   コメントを編集する場合は、🖱 右クリックメニューより [**コメントを編集（A）**] を 🖱 クリック。
   コメントを削除する場合は、🖱 右クリックメニューより [**コメントを削除（B）**] を 🖱 クリック。

2. ダイアログが表示されるので、**コメントボックス**に**コメント**を ⌨ **入力**します。
   🗓 [**タイムスタンプ**] は**日時**、🖼 [**画像**] は**指定した画像**、📷 [**スクリーンショット**] は
   キャプチャ画像を**挿入**します。(※SOLIDWORKS2017 以降の機能です。)

   挿入されたスクリーンショット

3. [**保存して閉じる**] を 🖱 クリックしてダイアログを閉じます。

   コメントを追加したアイテムにカーソルを合わせると、**吹き出し**に**コメント**を**表示**します。

   カーソルを合わせるとコメントを表示

13.3 ロールバックバーを使用しての設計変更

ロールバックバーは **Feature Manager** デザインツリー最下部にある**青色のバー**で、**履歴**を**操作**するためのものです。部品がどのようにして作成されたのかを理解するために使用します。これを利用して設計変更も可能です。

13.3.1 ロールバックを操作する

Feature Manager デザインツリーで**ロールバックバー**を**上下**に 🖱 ドラッグすることによって履歴を遡る、または履歴を下ります。ロールバックバーを操作してみましょう。

1. **ロールバックバー上**にカーソルを**移動**して 🐌 マークが表示されたら 🖱 ドラッグし、**最初に作成した** 《🗔 **基準ボディ**》 の**下まで移動**して 🖱 ドロップすると、モデルは 《🗔 **基準ボディ**》 作成後の状態を**表示** します。この**履歴を遡る操作**を 🐌↑ ロールバックといいます。

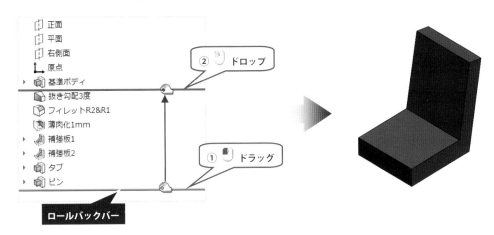

2. **ロールバックバー**を 🖱 ドラッグし、《🗔 **抜き勾配 3 度**》 の**下で** 🖱 ドロップします。 **履歴を下る操作**のことを 🐌↓ ロールフォワードといいます。

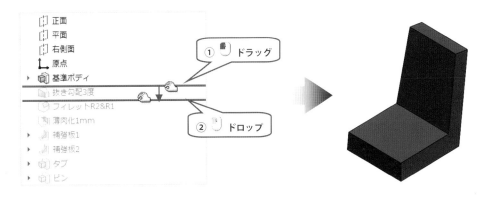

3. コマンドを使用してロールバックバーを**最後のフィーチャー**の**下へ移動**します。

Feature Manager デザインツリーで 🖱 右クリックし、メニューより［**最後までロール（E）**］を

🖱 クリック。

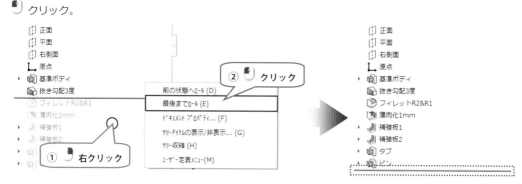

👍 *POINT* **前の状態にロール**

ロールバックバーによる操作も元に戻れます。FeatureManager デザインツリーで 🖱 右クリックし、

メニューより［**前の状態へロール（D）**］を 🖱 クリック。（※戻れるのは１つ前までです。）

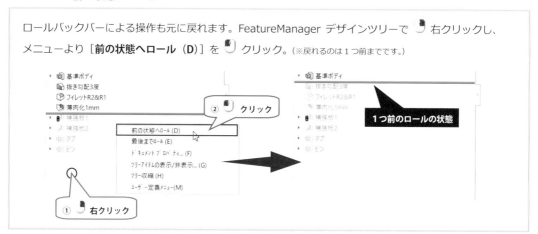

👍 *POINT* **ロールバックの特性**

フィーチャーとフィーチャーに**吸収されているスケッチ**の間にロールバックバーを移動することも可能です。メッセージボックスが表示されるので OK を 🖱 クリックすると、**スケッチの吸収**が**一時的に解除**されます。

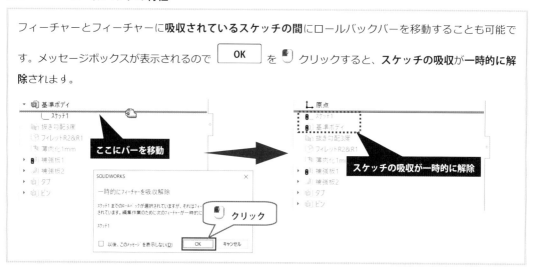

13.3.2 履歴を遡ってフィーチャーを挿入する

座面にくぼみを 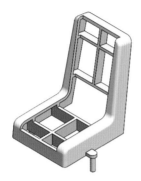 [押し出しカット] を使用して作成する場合、履歴を遡らずに作成するとシェル化された後なので穴があいてしまいます。(下図左)

これを回避するには履歴を遡って [押し出しカット] を使用する必要があります。

履歴を遡らずにカット　　　　　　履歴を遡ってカット

1. 定義された**外観**を**削除**してから作業をします。

   ボディの任意の ■面を クリックして**コンテキストツールバー**を表示させ、 [外観] 右の を
   クリックして**展開**して ✕ [**次からすべての部品外観…**] を クリック。

   (※このモデルは正接エッジを削除して表示しています。)

2. 《 基準ボディ》の**下**まで ロールバックします。

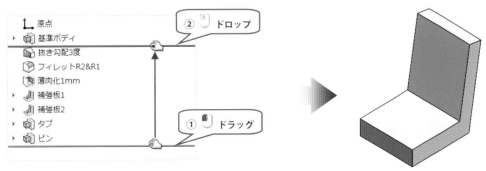

3. 《回右側面》に下図の**閉じた輪郭**を作成します。

   [エンティティ変換] や [エンティティオフセット] を使用すると**効率的に作成**できます。

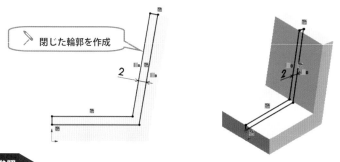

> 閉じた輪郭を作成

   参照 STEP1　7.3.4 輪郭をコピーして押し出す（エンティティ変換）（P72）

   STEP1　7.3.5 パネルの作成（エンティティオフセット／マルチボディ）（P74）

4. Command Manager【**フィーチャー**】タブの [**押し出しカット**] を クリック。

5. 「**押し出し状態**」より [**中間平面**] を選択し、「**深さ／厚み**」に< 1 5 ENTER >と 入力。
   プレビューを確認して [**OK**] ボタンを クリック。

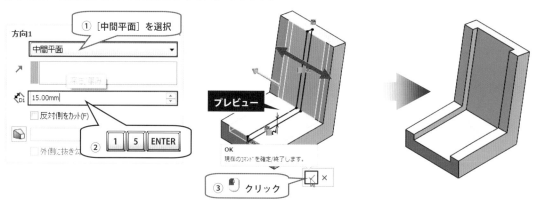

① [中間平面] を選択

方向1
中間平面

15.00mm
反対側をカット(F)

② 1 5 ENTER
外側に抜き勾

プレビュー

OK
現在のコマンドを確定/終了します。

③ クリック

6. フィーチャーの名前を<**座面カット**>に**変更**します。

7. 《 フィレット R2&R1》の下まで ロールフォワードします。形状が変化してエッジが増えたことで、
   フィレット処理されていないエッジが現れました。（※下図はは正接エッジを削除して表示しています。）

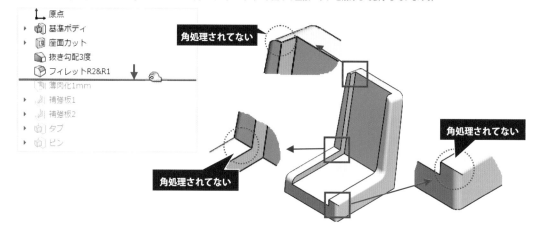

原点
基準ボディ
座面カット
抜き勾配3度
フィレットR2&R1
薄肉化1mm
補強板1
補強板2
タブ
ピン

角処理されてない

角処理されてない

角処理されてない

8. Feature Manager デザインツリーより《 フィレット R2&R1》を クリックし、
   コンテキストツールバーから [フィーチャー編集] を クリック。

9. 「フィレットするアイテム」に下図に示す6つの エッジを追加して半径を設定します。
   プレビューを確認して [OK] ボタンを クリック。

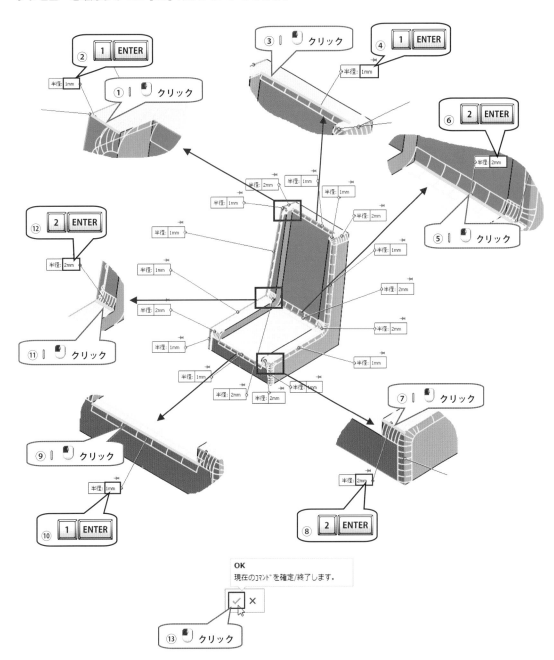

10. 《 🗋 薄肉化 1mm》の下まで 🐌↓ ロールフォワード。

11. 《 🗋 薄肉化 1mm》の適用を 🔲 [断面表示] にて確認します。

マニピュレーターを 🖱 ドラッグして確認します。

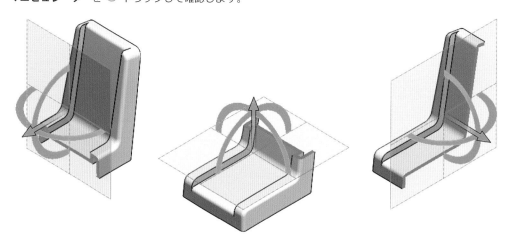

12. ロールバックバーを**最後のフィーチャー**の**下**へ移動。

Feature Manager デザインツリーで 🖱 右クリックし、メニューより [**最後までロール（E)**] を
🖱 クリック。

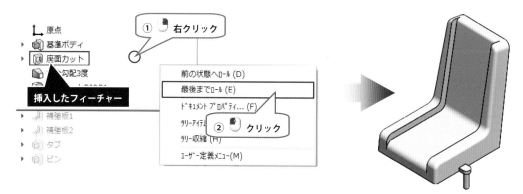

13.4 再構築ツール

部品をはじめとする SOLIDWORKS ドキュメントは [再構築] を実行することにより**変更**が**適用**されます。
履歴の大きな部品モデルや大規模なアセンブリなどは再構築処理に時間がかかり、作業時間に大きく影響します。
SOLIDWORKS では**再構築の作業時間を最適化**するための機能がいくつかあります。

13.4.1 ロールバックして最適化

ロールバックバーを操作して編集対象の位置まで ↑ **ロールバック**すると、**ロールバックバーより下**にあるすべてのアイテムは [抑制] されます。**抑制されたアイテム**は**再構築の対象外**になるので、これにより再構築の**時間**を**短縮**できます。編集は**ロールバックバーより上**のアイテムで**再構築**され、 ↓ **ロールフォワード**すると残りのアイテムで再構築します。

再構築に時間のかかる複雑な形状や履歴の多いモデルの編集で有効な手段です。

下図のモデルは、ダウンロードしたフォルダー { Chapter 13} より {羽根車} です。

再構築に時間がかかるモデル

ロールバックは、**コンテキストツールバー**から**実行**できます。

FeatureManager デザインツリーで ↑**ロールバック**する位置にある**フィーチャー**を クリックし、
コンテキストツールバーの [ロールバック] を クリックします。

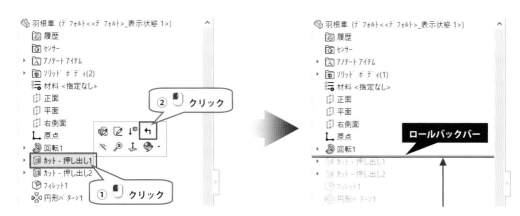

13.4.2 フリーズバーで最適化

フリーズバーを使用すると、フィーチャーを**フリーズ**してモデルの**再構築**から**除外**できます。

（※SOLIDWORKS2012 以降の機能です。）

標準ツールバーの ⚙ ［オプション］または**メニューバー**の［ツール（T）］＞［オプション（P）］を

クリックし、**システムオプション**にある「**フリーズバーを有効にする**」をチェック ON（☑）にします。

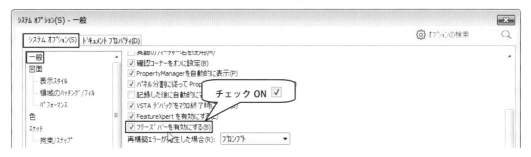

Feature Manager デザインツリーの**トップレベル下**に表示される**黄色のバー**が**フリーズバー**です。

ロールバックバー同様に**バーを上下**に ドラッグすると**移動**します。

フリーズバーの上にあるフィーチャーは**フリーズ**し、**下**にあるフィーチャーは**編集可能**になります。

フリーズ状態のフィーチャーは**灰色**で表示され、🔒 アイコンが表示されます。

フリーズ状態では編集することはできず、モデルの**再構築**からも**除外**されます。

再構築に時間のかかる複雑な形状や履歴の多いモデルの編集で有効な手段です。

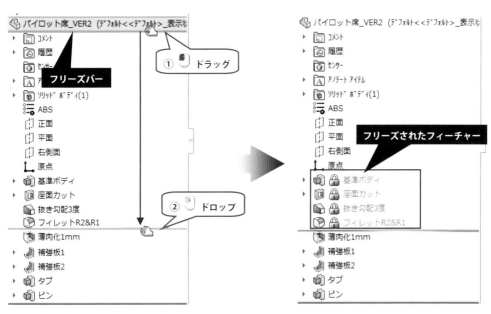

フリーズバーを**終了する**場合は、フリーズバーを**トップレベルまで移動**して「**フリーズバーを有効にする**」を
チェック OFF（☐）にします。

⚠ ライブラリ部品である Toolbox 部品では、フィーチャーのフリーズはサポートされていません。

13.4.3 フィーチャーを抑制して最適化

フィーチャーを ↓□ [抑制] すると、抑制したフィーチャーは**再構築**から**除外**されます。
フィーチャーは画面から**一時的に削除**され、Feature Manager デザインツリーでは**灰色**で**表示**されます。

フィーチャーの抑制

フィーチャーを Feature Manager デザインツリーで 🖱 クリック、またはグラフィックス領域でフィーチャーの
■**面**を 🖱 クリックし、表示される**コンテキストツールバー**の ↓□ [抑制] を 🖱 クリックします。

抑制しているフィーチャーに依存しているフィーチャー（**子フィーチャー**）がある場合、そのフィーチャーも
↓□ [抑制] されます。

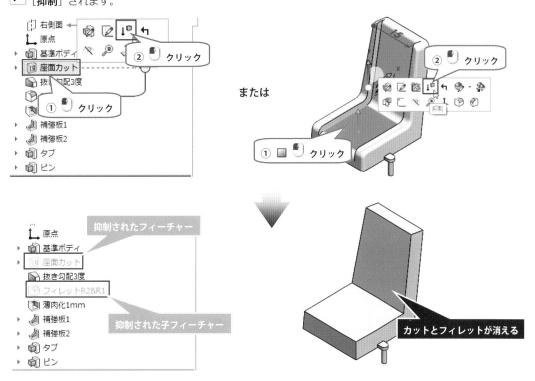

フィーチャーの抑制解除

フィーチャーを ↑□ [抑制解除] するとフィーチャーは元に戻ります。
フィーチャーを Feature Manager デザインツリーで 🖱 クリックし、表示される**コンテキストツールバー**の
↑□ [抑制解除] を 🖱 クリックします。

子フィーチャーを ↑□ [抑制解除] すると、**親フィーチャー**も ↑□ [抑制解除] されます。

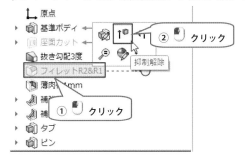

POINT パフォーマンス評価

再構築にかかる時間は、（一部）[**パフォーマンス評価**] にて確認できます。

1. Command Manager 【評価】タブの [**パフォーマンス評価**] を クリック。

2. 『**パフォーマンス評価**』ダイアログに「**フィーチャー順序**」「**時間（%）**」「**時間**」を表示します。

「**フィーチャー順序**」に表示されたフィーチャーを 右クリックすると、メニューより [**編集**]、
[**抑制**] を実行できます。

「**時間（%）**」には、各アイテムを再構築するのにかかる時間を部品全体の再構築時間に対する
比率で表示します。

「**時間**」には、各アイテムを再構築するのにかかる時間を秒単位で表示します。

この時間はパソコンの性能などで変わります。

ダイアログに表示された内容は印刷、クリップボードへのコピーが可能です。

再構築に時間がかかるフィーチャーを特定できれば、そのフィーチャーをより効率的に編集し直す、
あるいは現在行っている編集作業にあまり関係なければ抑制することもできます。

下図では《 **フィレット 1**》に 60%以上の時間を占めています。

これを [**抑制**] した場合、再構築時間の合計を大幅に抑えることができます。

13.5 フィーチャー間の依存関係

フィーチャー間には、**親**と**子**という**依存関係**が存在します。

あるフィーチャーに依存されているものを**親フィーチャー**、逆に依存しているものを**子フィーチャー**といいます。

モデルを編集したり設計変更する場合には、この関係を把握しておく必要があります。

ここでは親子関係を確認する方法、履歴の順序変更、フィーチャーの削除について説明します。

13.5.1 親子関係ダイアログ

アイテムの**親子関係**をダイアログに表示して確認できます。

1. Feature Manager デザインツリーで《⬛ **座面カット**》を 🖱 右クリックし、メニューより［**親／子 (I)**］を 🖱 クリックすると『**親子関係**』ダイアログが表示されます。

   左側に**親フィーチャー**、**右側**に**子フィーチャー**を表示します。

   《⎿ **スケッチ 11**》は《⬛ **座面カット**》がスケッチフィーチャーですので**親**になります。
   《🔲 **右側面**》は**親**である《⎿ **スケッチ 11**》が作成されているスケッチ平面なので**親の親**になります。
   《🔷 **基準ボディ**》は《⬛ **座面カット**》でカットしているボディを作成したフィーチャーなので**親**です。

   《🔷 **フィレット R2&R1**》はカットした後にできたボディのエッジに処理しているので**子**になります。

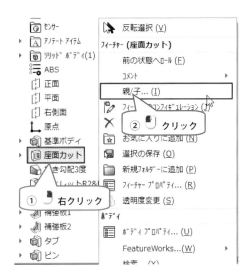

2. 閉じる(C) を 🖱 クリックしてダイアログを閉じます。

13.5.2 参照の可視化ツール（ダイナミック参照の可視化）

ダイナミック参照の可視化は、Feature Manager デザインツリーで親／子関係を表示するツールです。
Feature Manager デザインツリーのアイテムにカーソルを合わせると、**親／子関係を示す矢印**が**表示**されます。
（※SOLIDWORKS2015 以降の機能です。）

1. この機能は、**デフォルト**で**無効**になっています。

    Feature Manager デザインツリーで**トップレベル**（部品またはアセンブリ）で 🖱 右クリックし、

    コンテキストツールバーより 🔳[**ダイナミック参照の可視化（親）**]と 🔳[**ダイナミック参照の可視化（子）**]

    を 🖱 クリックして**有効**にします。

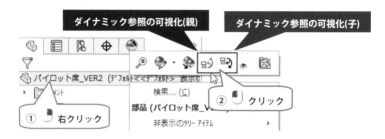

2. Feature Manager デザインツリーのフィーチャーにカーソルを合わせると、**関係を示す矢印**が**表示**されます。
    青色の矢印は親を指し、**紫色の矢印は子**を指します。

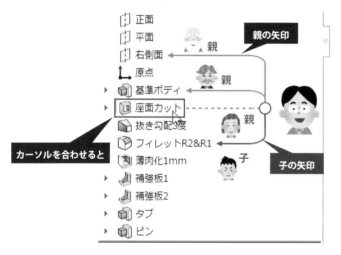

3. 任意の 🎨 [**外観**] を設定し、💾 [**保存**] にて上書き保存をします。

    これで {🐢 **パイロット席_VER2**} 部品の完成です。

    ウィンドウ右上の ☒ を 🖱 クリックして閉じます。

（※完成モデルはダウンロードフォルダー { 📁 **Chapter13**} > { 📁 **FIX**} に保存されています。）

13.5.3 履歴の順序変更

アイテムの作成順序を**ドラッグ＆ドロップ**にて**変更**できます。

実行できる順序変更は、既存の「**親／子**」関係によって**限定**されます。

1. ダウンロードフォルダー｛◻ **Chapter 13**｝にある部品ファイル｛🎮 **パイロット席**｝を開きます。

2. ＜**パイロット席_VER3**＞という名前で 🖼 ［**指定保存**］します。

3. ボディの任意の ◼ 面を 🖱 クリックして**コンテキストツールバー**を表示させ、🎨 ［**外観**］右の ▾ を
   🖱 クリックして**展開**し、❎ ［**次からすべての部品外観...**］を 🖱 クリック。

4. 《🏷 **タブ**》を《🗐 **薄肉化 1mm**》の**下へ移動**させます。
   Feature Manager デザインツリーから 《🏷 **タブ**》を 🖱 ドラッグし、《🗐 **薄肉化 1mm**》の**上に移動**する
   と「↳」マークが表示されるので 🖱 ドロップします。

5. Feature Manager デザインツリーから《🏷 **タブ**》を 🖱 ドラッグし、《🗐 **薄肉化 1mm**》より**上のアイテ**
   ムまで移動すると 🚫 マークが表示されます。これは**順序変更できない**ことを意味しています。
   動的参照可視化で確認すると、《🏷 **タブ**》の親が《🗐 **薄肉化 1mm**》になっています。

   ⚠ 順序変更では子を親の前に移動できません。

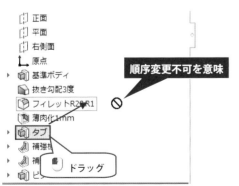
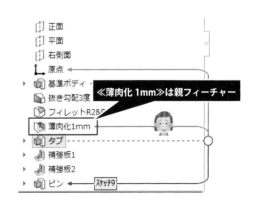

6. 《🏷 **タブ**》を元に位置に戻します。
   《🏷 **タブ**》を 🖱 ドラッグし、《🪃 **補強板 2**》の上で 🖱 ドロップします。

7. 下図に示す ■ 平面に直径<[1] [3]>の○円を作成します。

[押し出しカット] にて下方向へ<[1]>、抜き勾配<[4] [5]>でボディをカットします。

フィーチャーの名前を<円形カット>に変更します。

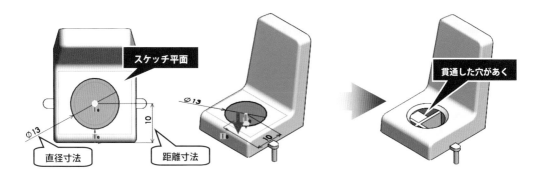

8. 順序変更することで形状が変化することを確認します。

Feature Manager デザインツリーから《 円形カット》を ドラッグし、《 フィレット R2&R1》の上
で ドロップします。《 円形カット》が《 フィレット R2&R1》の下へ移動します。

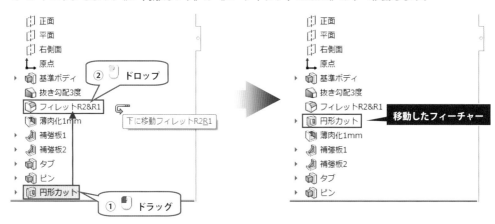

《 薄肉化 1mm》を適用しているボディ形状が変わったことで、貫通していた円形カットの穴が止め穴に
なりました。裏側から見てシェルの適用範囲を確認します。

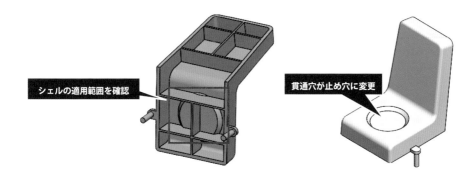

13.5.4 フィーチャーの削除

フィーチャーは Feature Manager デザインツリーまたはグラフィックス領域から関連する面などを選択して削除できます。削除するときは、**削除するフィーチャーに依存している子フィーチャー**についても**注意**する必要があります。親子関係を把握していないと、必要なアイテムが削除されてしまったり、モデルにエラーが発生したときに対応が難しくなります。

1. Feature Manager デザインツリーから《 タブ》を 右クリックし、メニューより ✕ ［**削除（I）**］を クリックします。または削除アイテムを選択後に Delete を押します。

2. 『**削除確認**』ダイアログが表示されます。
    「**含まれているフィーチャーも削除**」をチェック ON（☑）にすると、《 タブ》に**吸収**されている**スケッチ**を「**全ての依存アイテム**」に表示します。「**子フィーチャーを削除**」はチェック OFF（☐）にします。

    はい(Y) を クリック。

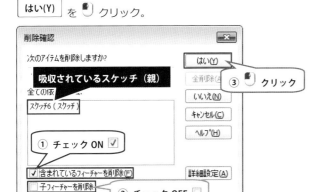

3. 《 タブ》と《 スケッチ 6》は**削除**されますが、《 タブ》の**子フィーチャー**である《 ピン》で**エラーが発生**します。表示される『**警告のメッセージボックス**』の 続行（エラー無視） を クリック。

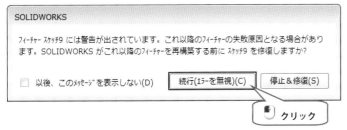

4. 『**エラー内容**』ダイアログの 閉じる(C) を 🖱 クリック。

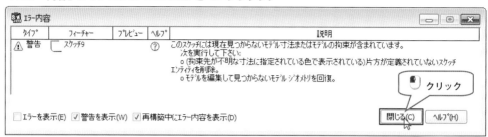

5. 操作を元に戻します。**標準ツールバー**の ↩ [**取り消し**] を 🖱 クリック。

6. 再度《🗗 タブ》を 🖱 右クリックし、メニューより ✕ [**削除 (I)**] を 🖱 クリック。

7. 『**削除確認**』ダイアログが表示されます。

「**子フィーチャーを削除**」のチェックを ON（☑）にすると、《🗗 タブ》に**依存**している《🗗 ピン》と

《🗀 スケッチ 9》が「**全ての依存アイテム**」に表示されます。

詳細設定(A) を 🖱 クリックすると、「**含まれているフィーチャーを削除 (F)**」と「**子フィーチャーを削除**」

のリストボックスに分けて表示します。 はい(Y) を 🖱 クリック。

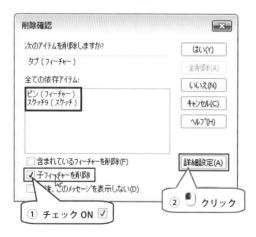

8. 《🗔 **タブ**》と**子**である《🗔 **ピン**》《⌐ **スケッチ 9**》が**削除**され、**親**である《⌐ **スケッチ 6**》が残ります。

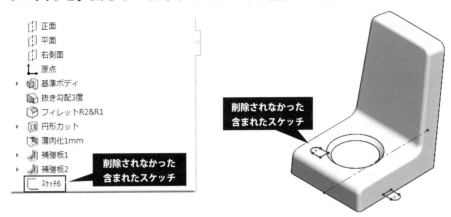

9. **標準ツールバー**の 🔄 [**取り消し**] を 🖱 クリックして元に戻します。

13.6 エンティティの置き換え

エンティティを削除する際にエンティティの**置き換えツール**を使用すると、下位の参照関係を壊すことなくエンティティを別のエンティティに置き換えます。

下位の参照関係が壊れた場合には多くのケースでエラーが発生しますので、エンティティを削除する際は注意が必要です。一度に置き換えられるのは 1 つのエンティティのみです。（※SOLIDWORKS2014 以降の機能です。）

1. Feature Manager デザインツリーの《 基準ボディ》または吸収されている《 スケッチ 1》を クリックし、**コンテキストツールバー**から [**スケッチ編集**] を クリック。

2. 背もたれの**直線**を**円弧**に置き換えます。

   [**3 点円弧**] を使用して下図に位置に**半径**< 5 0 >の円弧を作成します。

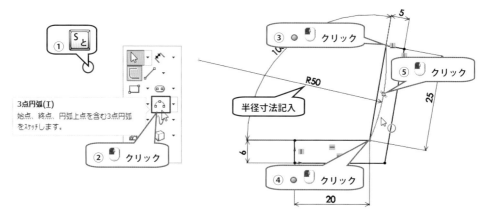

3. 下図に示す 直線を クリックして Delete を押すと、『**削除確認**』ダイアログが表示されます。

   このダイアログは**下位に参照関係のあるエンティティのみ表示**されます。

   削除する直線を円弧に置き換えるので エンティティ置き換え を クリック。

   （※SOLIDWORKS2013 以前のバージョンは、直線を作図ジオメトリに変更します。）

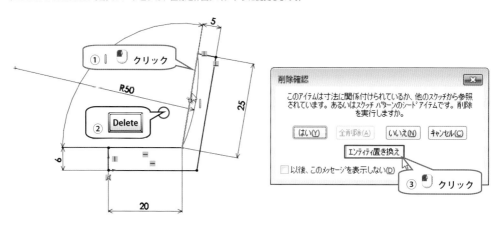

⚠ ここで はい(Y) を クリックすると下位の参照関係が壊れます。

4. Property Manager に「🐾 エンティティ置き換え」が表示されます。

「置き換え後のエンティティ」として作図した○円弧を 🖱 クリック。

直線に定義されている**幾何拘束**と✎**寸法**を残したい場合は、**直線**を**作図線**に変更します。

「作図線に変更」を ◉ 選択し、✓ [OK] ボタンを 🖱 クリック。

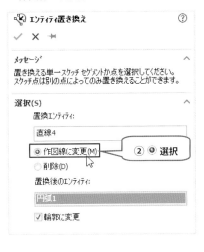

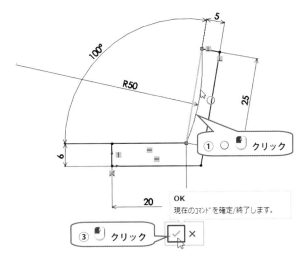

5. 下位の参照関係を壊すことなく置き換えできました。🔲 [**スケッチ終了**] を 🖱 クリック。

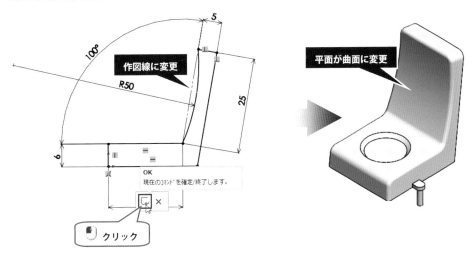

SOLIDWORKS2013 以前のバージョンは、形状変更による ❌エラーが 《🔲 フィレット R2&R1》 で発生します。🔲 [**フィーチャー編集**] にて**不明なエッジ**を**削除**し、✎**エッジ**を**再選択**します。

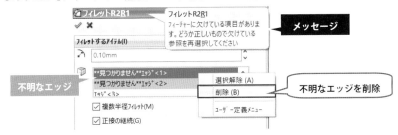

13.7 フィーチャーのコピー

作成されたフィーチャーやスケッチは **Windows 標準操作**（ドラッグ＆ドロップ、クリップボードのコピー＆
ペースト）を使用して**コピー**できます。

1. Command Manager【**フィーチャー**】タブの 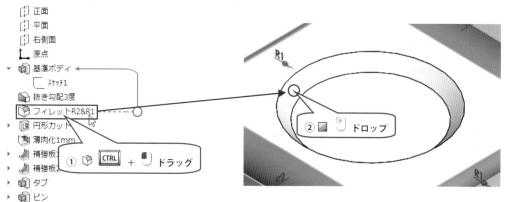 [**Instant3D**] を クリックして**オン**の状態にします。

2. Feature Manager デザインツリーから《 **フィレット R2&R1**》を CTRL を押しながら ドラッグし、
   下図に示す《 **円形カット**》で作成された **円筒面上**で ドロップ。

正面
平面
右側面
原点
基準ボディ
　スケッチ1
抜き勾配3度
フィレットR2&R1
円形カット
薄肉化1mm
補強板
補強板
タブ
ピン

① CTRL + ドラッグ

② ドロップ

3. 円筒面に隣接する2つの 円形エッジに フィレットが **追加**されます。
   Feature Manager デザインツリーには《 **フィレット 1**》が追加されます。
   （※エラーが発生した場合は、［**フィーチャー編集**］にて選択アイテムおよび半径を再定義します。）

コピー＆ペーストで追加されたフィレット

4. Feature Manager デザインツリーより《 **フィレット 1**》を クリックし、
   コンテキストツールバーより [**フィーチャー編集**] を クリック。

5. 「**半径**」に< 0 . 5 >を 入力し、 [**OK**] ボタンを クリック。

6. フィーチャーの名前を<**フィレット R0.5**>に**変更**します。

7. Feature Manager デザインツリーに表示されているフィーチャーやスケッチ、またはグラフィックス領域に
    表示されているフィーチャー情報を含むボディやスケッチは**クリップボード**に**コピー**できます。
    これらは SOLIDWORKS アプリケーション内（面や参照平面）に**ペースト**できます。

    Feature Manager デザインツリーから《⬢ **フィレット R0.5**》を 🖱 クリックし、**CTRL** を押しながら **Cそ**
    を押す、または**メニューバー**の［**編集（E）**］＞［**コピー（C）**］を 🖱 クリック。

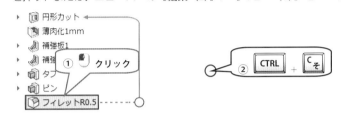

8. 下図に示す《⬢ **タブ**》の ◻面を 🖱 クリックし、**CTRL** を押しながら **Vひ** を押すと面に隣接する
    ∥**エッジ**に**フィレット**が**追加**されます。
    Feature Manager デザインツリーには《⬢ **フィレット 2**》が追加されます。

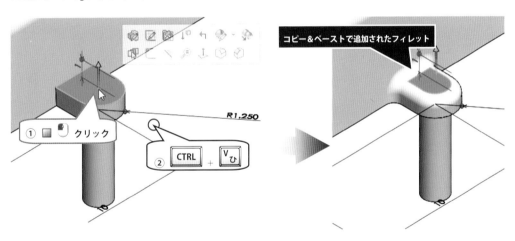

9. **反対側**の《⬢ **タブ**》の ◻面にも同様の方法で ⬢**フィレット**を**追加**します。

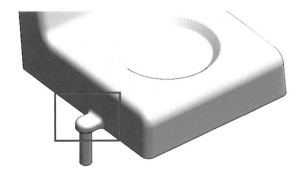

10. 任意の 🌑 [**外観**] を設定し、🖫 [**保存**] にて上書き保存をします。

これで {🖐 **パイロット席_VER3**} 部品の完成です。

ウィンドウ右上の ⌛ ✕ を 🖱 クリックして閉じます。

（※完成モデルはダウンロードフォルダー {📂 **Chapter13**} ＞ {📂 **FIX**} に保存されています。）

▶ **参照** 　　入門　4.1 Instant3D (P114)

Chapter14

モデルの修復

モデルの修復方法に関する機能や操作をヘリコプターのパーツを修復することで下記の操作を学びます。

問題の発見

▶ *再構築の検証*

▶ *エラー内容ダイアログ*

エラーの修復

▶ *スケッチのチェックと修復*

▶ *SketchXpert を使用して修復*

▶ *スケッチ平面が不明*

▶ *幾何拘束の置き換え*

▶ *穴フィーチャーの修復*

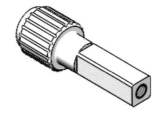

FeatureXpert

▶ *フィレットの修復*

▶ *抜き勾配の修復*

M3 ねじ部品の作成

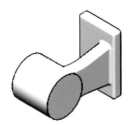

14.1　問題の発見

部品モデルを作成する上で**問題の発見**、それを**修復**する方法は理解しておくべき重要なテクニックです。
ここでは問題を発見するための機能について説明します。

14.1.1　再構築の検証

「**再構築の検証**」は、フィーチャーを作成または編集する際のエラーのチェック機能をコントロールします。
「**再構築の検証**」オプションを使用すると、**再構築時にモデルを綿密にチェック**します。
デフォルトではこの機能は OFF（☐）になっています。

1.　**標準ツールバー**の ⚙ ［**オプション**］または**メニューバー**の［**ツール（T）**］＞［**オプション（P）**］を
　　🖱 クリック。

2.　【**システムオプション**】タブの［**パフォーマンス**］にある「**再構築の検証(V)（ボディの詳細チェックを有効
　　にする)**」をチェック ON（☑）にします。

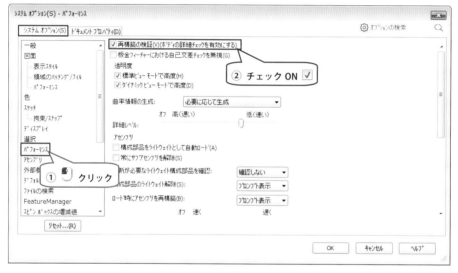

再構築の検証オプションが OFF（☐）のとき

SOLIDWORKS はすべての新しい、または変更されたフィーチャーが隣接する ◼ 面および ┃ エッジに対して
チェックします。「**再構築の検証**」オプションが OFF (☐) のときでも十分にエラーをコントロールできます。
また、モデルを再構築する際も CPU への負担も ON のときに比べて大きくありません。

再構築の検証オプションが ON（☑）のとき

SOLIDWORKS はすべての新しい、または変更されたフィーチャーが隣接する ◼ 面や ┃ エッジだけでなく、
すべての既存面と既存エッジをチェックします。

⚠ モデルの再構築に時間がかかり、**CPU への負担も大きくなる**ので**注意**が必要です。

POINT 強制再構築

強制再構築はモデル内の**すべてのフィーチャー**に対して再構築を行います。

 CTRL を押しながら Q た を押すと実行されます。

複雑な構成で履歴が大きなモデルを編集する際には、これを実行することで**早期に問題を発見**ができます。

14.1.2 *エラー内容ダイアログ*

エラーのある部品を開くと『**エラー内容**』ダイアログが表示されます。

『**エラー内容**』ダイアログには、部品内のすべてのエラーがリストで表示されます。

1. モデルを再構築する際に『**エラー内容**』ダイアログを表示するには、システムを設定しておく必要があります。

    [**オプション**] の【**システムオプション**】、「**メッセージ／エラー／警告**」にある「**再構築する度にエラー を表示**」をチェック ON（☑）にして   OK   を クリック。（※SOLIDWORKS2012 以降の機能です。）

2. エラーモデルを開いてみましょう。

    ダウンロードフォルダー {⬜ **Chapter 14**} にある部品ファイル {🧊 **サーキュラーボス**} を開きます。

サーキュラーボス.SLDPRT

3. 下図の『**メッセージボックス**』が表示されるので、再構築(R) を 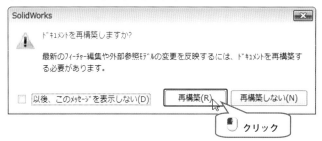 クリック。

4. **再構築**が**実行**されたので『**エラー内容**』ダイアログが表示されます。

「**再構築する度にエラーを表示**」がチェック OFF（☐）の場合、『**エラー内容**』ダイアログは表示されません。

「**タイプ**」は ⊗ **エラー**と ⚠ **警告**の2つに分類されます。

これらをダイアログに表示するには、「**エラーを表示**」と「**警告を表示**」をチェック ON（☑）にします。
両方を OFF（☐）にはできません。

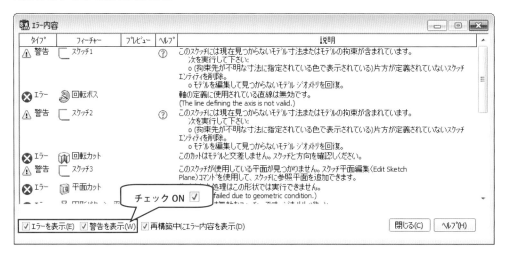

⊗ **エラー**：フィーチャーの作成を妨げる（※形状そのものが表示できない。）

⚠ **警告**：フィーチャーの作成には影響しない（※問題はあるが形状は作成できる。）

5. 閉じる(C) を 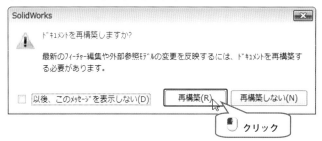 クリックして『**エラー内容**』ダイアログを閉じます。

6. Feature Manager デザインツリーを確認します。

ツリーアイテムにはエラーに関する**アイコン**を表示します。

カーソルを合わせると**フィーチャー名**と**エラー内容**を**吹き出し**に表示します。

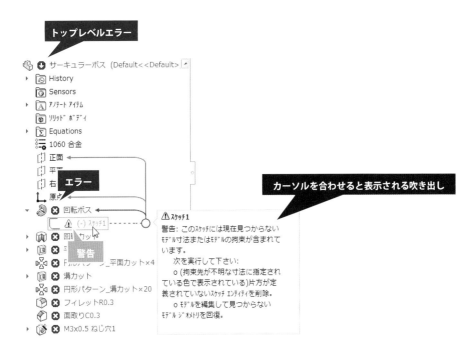

🔽 トップレベルエラー

ツリーの**最上位**にある 🔽 は、**下位のツリー**に ❌ **エラー**があることを示しています。

テキストは**赤色**で表示されます。

❌ エラー

フィーチャーに問題がありジオメトリが作成できないフィーチャーの横に表示されます。

テキストは**赤色**で表示されます。

⚠ 警告

問題はあるものの、ジオメトリが作成されているフィーチャーの横に表示されます。

テキストは**黄色**で表示されます。

⚠ 展開

下位のフィーチャーに ❌ **エラー**あるいは ⚠**警告**があるフィーチャーの横に表示されます。

フラットツリービュー

フラットツリービューを使用すると、スケッチやカーブなどのスケッチフィーチャーで使用されたアイテム
を**吸収せず**に Feature Manager デザインツリーに表示します。

多くのフィーチャーはスケッチと関係がありますので、この表示方法はエラーを確認する際に便利です。

（※SOLIDWORKS2013 以降の機能です。）

1. **トップレベルの部品名**で 🖱 右クリックし、メニューより [**ツリー表示**] >

   [**フラットツリービューを表示（A）**] を 🖱 クリック、または CTRL を押しながら Tか を押します。

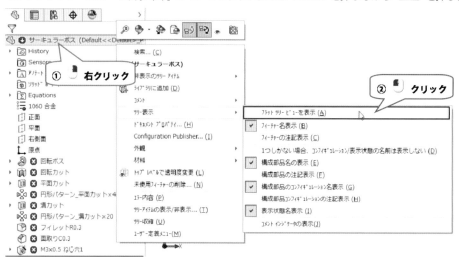

2. Feature Manager デザインツリーを**フラットツリービュー**で表示し、同時に『**エラー内容**』ダイアログ
   を表示します。

3. 再度 [**フラットツリービューを表示（A）**] を 🖱 クリックすると元に戻ります。

   または CTRL を押しながら Tか を押します。

14.2 エラーの修復

『エラー内容』ダイアログのエラー内容を確認しながらモデルを修復していきます。

大事なことは、どこから修復を開始するのか？

エラーのある部品を開くと最初は「**どこから、どのような方法で修復すればいいのか**」と困惑するかもしれません。履歴の古いアイテムにエラーなどの問題があると、それに付随して後で作成するフィーチャーにも多くのエラーが生じます。つまり、**履歴の古いフィーチャーに発生したエラーを修復**すると、**関連する子フィーチャーに発生したエラーを自動的に修復**されることになります。

14.2.1 スケッチのチェックと修復

スケッチの**問題を発見**し、それを**修復**する機能について説明します。

1. Feature Manager デザインツリーの《□ ⚠ (-)スケッチ 1》で 🖱 右クリックし、
   メニューより［**エラー内容（D）**］を 🖱 クリック。

2. 『**エラー内容**』ダイアログに《□ ⚠ (-)スケッチ 1》で発生しているエラー内容を説明に表示します。
   このスケッチには「**参照先が見つからない寸法、幾何拘束がある**」と書いてあります。

   閉じる(C) を 🖱 クリックしてダイアログを閉じます。

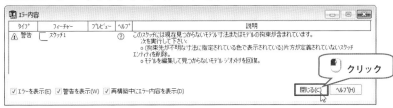

3. Feature Manager デザインツリーより《□ ⚠ (-)スケッチ 1》を 🖱 クリックし、
   コンテキストツールバーから 🖉 ［**スケッチ編集**］を 🖱 クリック。

4. 🄵 を押して 🔑 ［**ウインドウフィット**］を実行します。離れたところに**不要なジオメトリ**（短い直線）があるので、これを 🖱 クリックまたは範囲選択し、 Delete を押して**削除**します。

5. **拘束先が不明**な寸法と幾何拘束は**黄色**で表示されます。

下図の **寸法**を選択すると、**拘束先が不明**な参照点に**赤色の四角**（■ **ドラッグハンドル**）が表示されます。

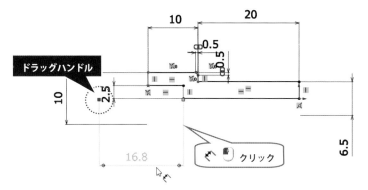

6. ■ **ドラッグハンドル**を ドラッグし、**再定義する位置**で ドロップ。

拘束先が不明だった **寸法**が**黒色**になったことを確認します。

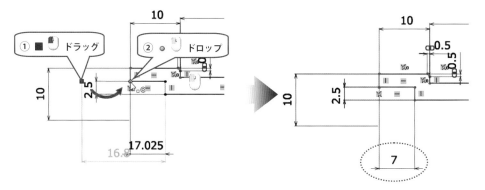

7. 不要なジオメトリの削除と拘束先が不明な拘束の修復をしましたが、他にも問題があるかもしれません。

このスケッチは ［**回転ボス／ベース**］で使用されていますが、このフィーチャーで使用するには**分岐や隙間がないスケッチ**と**回転軸となる直線**が必要です。

［**スケッチのチェック**］は、実行するフィーチャーで使用したときに問題がないかチェックをする機能です。この機能を使用して編集中のスケッチをチェックしてみます。

メニューバーより［**ツール（T）**］＞［**スケッチツール（T）**］＞［**スケッチのチェック（K）**］を クリック。

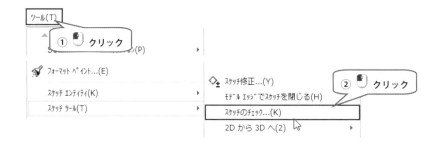

8. 『**スケッチのフィーチャーでの使用可能性をチェック**』ダイアログが表示されます。

「**フィーチャーでの使用**」で［**ベース回転**］が選択されていることを確認し、 チェック(C) を  クリック。

9. 以下のメッセージが表示されます。「**スケッチには同じ端点をもつ複数のエンティティがあるため、フィーチャーの作成には使用できません。スケッチの修正を今試みてください。**」と表示されています。

スケッチに**問題**（完全に閉じた図形ではなく分岐がある）があり、［**スケッチの修正**］をすぐに使用しなさいとあります。 OK を  クリックして［**スケッチの修復**］を実行します。

10. 『**スケッチ修復**』ダイアログが表示され、**修復が必要な箇所**が 🔍 ［**虫眼鏡**］にて**拡大表示**されます。

1(2 中) と表示されていますが、これは修復が必要な箇所が **2 箇所**あり、その **1 箇所目**を虫眼鏡で拡大していることを意味しています。 ≪ ［**前へ**］と ≫ ［**次へ**］を  クリックすると **2 箇所目**を虫眼鏡で拡大します。

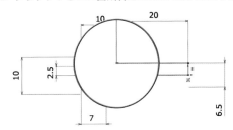

11. **1 箇所目**を**虫眼鏡内**で 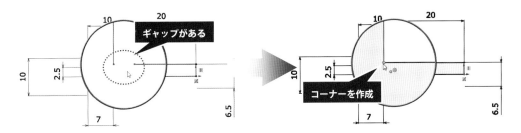 拡大すると、**ギャップ**（隙間）があることがわかります。

直線の**端点**と**端点**を ✓ ［**マージ**］させて**コーナー**を作成します。

12. 『**スケッチ修復**』ダイアログの  ［**更新**］を 🖱 クリック。

　　2箇所目を**虫眼鏡**で 🖱⬇ **拡大**して表示します。コーナーに**不要なジオメトリ**（分岐した短い直線）がある

　　ので、これを 🖱 クリックまたは範囲選択し、 Delete を押して**削除**します。

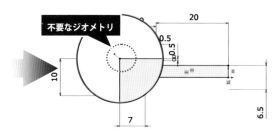

13.  ［**更新**］を 🖱 クリック。

　　すべての修復が問題なく行われた場合、「**問題は見つかりません**。」と表示されます。

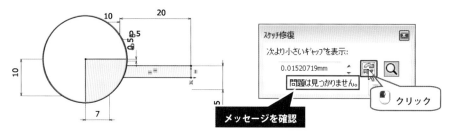

14. ⊠ を 🖱 クリックして『**スケッチ修復**』ダイアログを閉じます。

15. スケッチが**完全定義**したことを確認し、 ［**スケッチ終了**］を 🖱 クリック。

16. 下図の『**メッセージボックス**』が表示されます。

　　停止＆修復(S) は**次のエラーのあるフィーチャー**まで 🐌↑ **ロールバック**。

　　続行(エラー無視)(C) は部品を**再構築**します。 🐌↑ ロールバックはしません。

　　ここでは 停止＆修復(S) を 🖱 クリック。

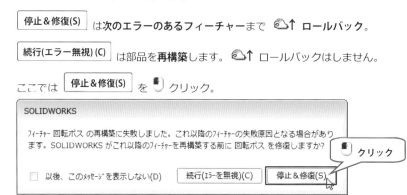

17. 『**エラー内容**』ダイアログが表示されます。

《🌀 **回転ボス**》のエラー説明には「**軸の定義に使用されている直線は無効です。**」を表示されています。

閉じる(C) を 🖱 クリックしてダイアログを閉じます。

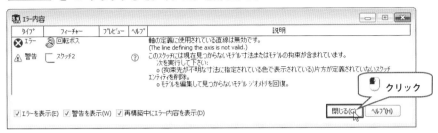

18. Feature Manager デザインツリーを確認します。

《└ **スケッチ 1**》の**子フィーチャー**である《🌀 **回転ボス**》の**下**まで 🔄↑ **ロールバック**。

《└ **スケッチ 1**》にあった ⚠️ が**消えた**ことを確認します。

19. Feature Manager デザインツリーより《🌀 **回転ボス**》を 🖱 クリックし、**コンテキストツールバー**から

🔄 [**フィーチャー編集**] を 🖱 クリック。

20. Property Manager の**回転軸**の**選択ボックス**には何も選択されていません。

グラフィックス領域より ✏️「**回転軸**」となる ┃ **直線**を 🖱 クリックし、✔️ [**OK**] ボタンを 🖱 クリック。

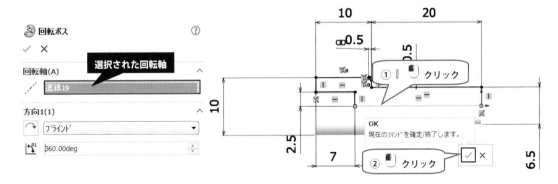

21. Feature Manager デザインツリーで 🖱 右クリックし、メニューより [**最後までロール（E）**] を 🖱 クリック。

22. 『**メッセージボックス**』が表示されるので、 停止＆修復(S) を 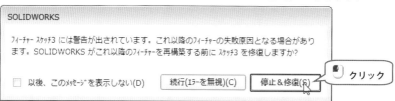 クリック。

23. 『**エラー内容**』ダイアログが表示されます。

《□ スケッチ 2》は**重複定義**、《□ スケッチ 3》は「**平面が見つからない**」、《▣ 平面カット》は

「**指定された処理はこの形状で実行できない**」とあります。

閉じる(C) を  クリックしてダイアログを閉じます。

14.2.2 *SketchXpert を使用して修復*

重複定義しているスケッチを「**SketchXpert**」を使用して**修復**します。

1. Feature Manager デザインツリーより 《□ ⚠ (+)スケッチ 2》 を  クリックし、

コンテキストツールバーから ▣ [**スケッチ編集**] を  クリック。

2. **ステータスバー**には、 ⚠ **警告マーク**と共に**赤色**で**重複定義**と表示されます。

「⚠**重複定義**」を  クリック。

3. Property Manager に「▣ **SketchXpert**」が表示されるので、 診断(D) を  クリック。

4. 「結果」に「解決方法」が表示されます。 >> [次へ] を数回 🖱 クリックし、

🕂 角度寸法に赤い斜線マーク「╱」が表示されたら 確定(A) を 🖱 クリック。

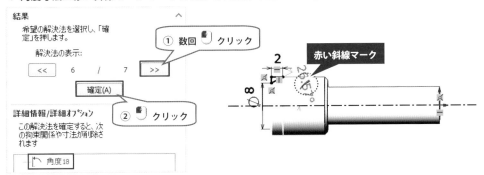

5. 「メッセージ」に スケッチはこれで有効な解決を見つけることができます。 と表示されます。

   ✓ [OK] ボタンを 🖱 クリックして「SketchXpert」を終了します。

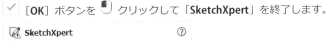

6. スケッチが完全定義したことを確認し、🔲 [スケッチ終了] を 🖱 クリック。

7. 『メッセージボックス』が表示されるので、 停止＆修復(S) を 🖱 クリック。

8. 『エラー内容』ダイアログが表示されるので 閉じる(C) を 🖱 クリック。

14.2.3 スケッチ平面が不明

よくあるエラーとして、フィーチャーを追加、あるいは削除することによりスケッチ平面として使用されていた
平面がなくなってしまう場合があります。この場合は、改めてスケッチ平面を定義する必要があります。

1. 《⌐ ⚠ スケッチ3》にカーソルを合わせると吹き出しに「⚠**スケッチ3　警告：このスケッチは使用して
   いる平面が見つかりません。スケッチ平面編集コマンドを使用して、スケッチに参照平面を追加できます。**」
   と表示されます。

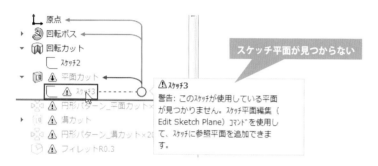

2. Feature Manager デザインツリーより《⌐ ⚠ スケッチ3》を 🖱 クリックし、**コンテキストツールバー**
   より 🖳 [**スケッチ平面編集**] を 🖱 クリック。
   Property Manager の**スケッチ平面／面**に ****見つかりません**平面** と表示されます。
   これは《⌐**スケッチ3**》を作成した**スケッチ平面が見当たらないことを意味**します。

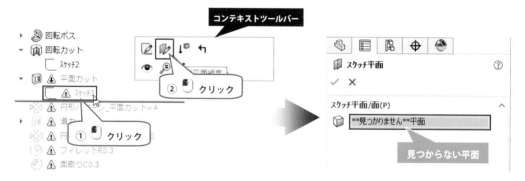

3. 下図に示す ■ **面**を 🖱 クリックし、✓ [**OK**] ボタンを 🖱 クリック。

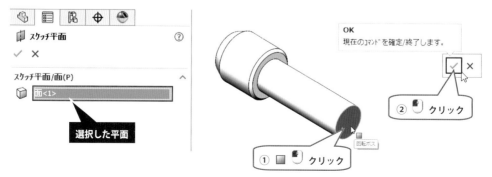

14.2.4 幾何拘束の置き換え

[幾何拘束の表示／削除] の置き換え機能を使用して**拘束先が不明な幾何拘束を修復**できます。

1. Feature Manager デザインツリーで 右クリックし、メニューより [**最後までロール（E）**] を
   クリック。

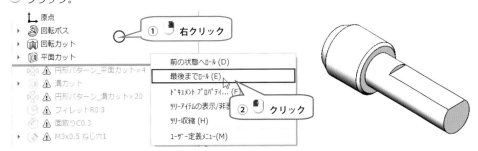

2. 『**メッセージボックス**』が表示されるので、 停止＆修復(S) を クリック。

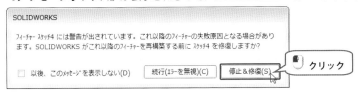

3. 『**エラー内容**』ダイアログが表示されるので 閉じる(C) を クリック。

4. Feature Manager デザインツリーより《⌐ ⚠ スケッチ 4》 クリックし、
   コンテキストツールバーから [**スケッチ編集**] を クリック。

5. Command Manager【スケッチ】タブの [**幾何拘束の表示／削除**] を クリック。

6. Property Manager に「↓⊙ 幾何拘束の表示／削除」が表示されます。

「拘束」の**フィルター**より［**拘束先が不明**］を選択すると、「⊥ 関係ボックス」に拘束先が不明な寸法と幾何
拘束を**表示**します。「**一致 2**」が表示され、これが**選択状態**となります。

7. 「**上で選択された置換エンティティボックス**」の選択ボックスを 🖱 クリックしてアクティブにし、
下図に示す一致させる ⫽ **円形エッジ**を 🖱 クリック。

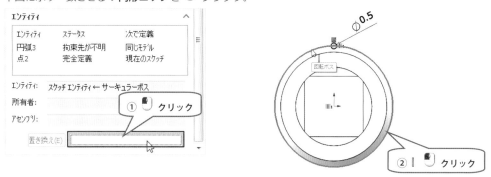

8. 置き換え(E) を 🖱 クリックすると、「⊥ **関係ボックス**」に表示されていた「**一致 2**」が消えます。
✓ ［**OK**］ボタンを 🖱 クリック。

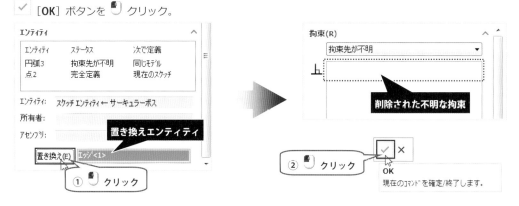

9. スケッチが**完全定義**していることを確認し、⟳ ［**スケッチ終了**］を 🖱 クリック。

14.2.5 穴フィーチャーの修復

穴フィーチャーで発生した**エラー**を**修復**する方法について説明します。

1. Feature Manager デザインツリーで 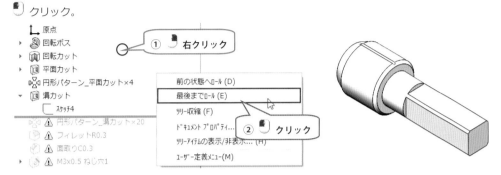 右クリックし、メニューより［**最後までロール（E）**］を
 クリック。

2. 『**エラー内容**』ダイアログが表示され、説明には「**意図した穴はモデルと交差しません。**」と表示しています。

 閉じる(C) を クリック。

3. Feature Manager デザインツリーより《 ⊗ **M3×0.5 ねじ穴 1**》を クリックし、

 コンテキストツールバーから ［**フィーチャー編集**］を クリック。

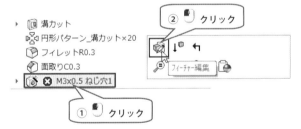

4. **穴あけ**の**方向**が**逆**になっているので反転します。

 「**押し出し状態**」の ［**反対方向**］を クリックして**反転**させます。

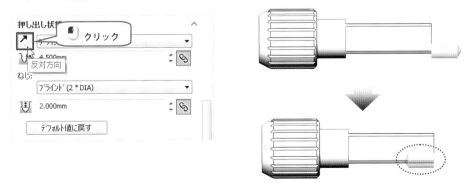

5. Property Manager「**穴の仕様**」の【**位置**】タブを 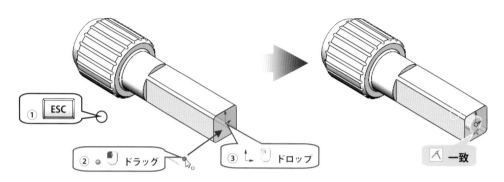 クリック。

6. **穴配置点**がボディから**離れた位置**にあり交差していません。

   ESC を押して穴の配置を停止し、●**点**を ドラッグして↳**原点**に ドロップします。

① ESC

② ● ドラッグ

③ ↳ ドロップ

⚒ 一致

7. ✓ [**OK**] ボタンを クリックし、**ツリーの最上位**に表示されていた ⬇ 「**エラー**」が**消えたことを確認**します。これはすべてのエラーの修復が完了したことを意味しています。

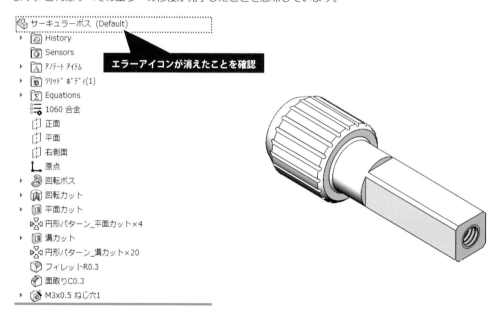

- サーキュラーボス (Default)
  - ▶ History
  - Sensors
  - ▶ アノテート アイテム
  - ▶ ソリッド ボディ(1)
  - ▶ Σ Equations
  - 1060 合金
  - 正面
  - 平面
  - 右側面
  - 原点
  - ▶ 回転ボス
  - ▶ 回転カット
  - ▶ 平面カット
  - 円形パターン_平面カット×4
  - ▶ 溝カット
  - 円形パターン_溝カット×20
  - フィレットR0.3
  - 面取りC0.3
  - ▶ M3x0.5 ねじ穴1

エラーアイコンが消えたことを確認

8. 💾 [**保存**] で上書き保存をし、ウィンドウ右上の ✕ を クリックして閉じます。

（※完成モデルはダウンロードフォルダー {📁 **Chapter14**} > {📁 **FIX**} に保存されています。）

14.3 **FeatureXpert**

フィレットまたは**抜き勾配フィーチャー**に**エラー**がある場合、『**エラー内容**』ダイアログより修復機能である「**FeatureXpert**」が使用できます。「**FeatureXpert**」は、隣接するフィレットおよびドラフトの順序を入れ替えたり、それぞれのフィーチャーを複数に分けることでエラーを自動的に修復します。

「**FeatureXpert**」を使用にするには、システムオプションで**有効**に設定する必要があります。

 ［**オプション**］の【**システムオプション**】、「**一般**」にある「**FeatureXpert を有効にする**」をチェック ON（☑）にします。

これがチェック OFF（☐）の場合には、『**エラー内容**』ダイアログに FeatureXpert を実行するためのボタン（ FeatureXpert (F) ）が表示されません。

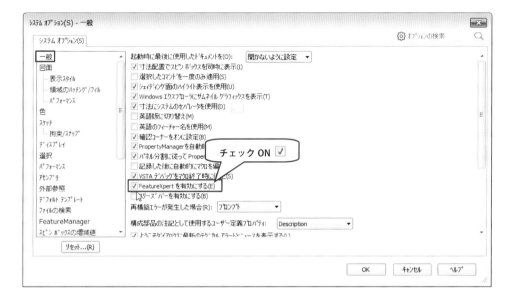

「**FeatureXpert**」を実行すれば 100％修復が成功するわけではなく、失敗することもあります。

失敗した場合、下図のメッセージボックスが表示されます。

問題のある ⬡ **フィレット**を「**FeatureXpert**」を使用して**修復**してみましょう。

1. ダウンロードフォルダー｛🗁 **Chapter 14**｝にある部品ファイル｛🗗 **サーチライト**｝を開きます。

サーチライト.SLDPRT

2. Feature Manager デザインツリーより《⬡ **フィレット R0.3**》を 🖱 クリックし、
   コンテキストツールバーから 🗗 ［**フィーチャー編集**］を 🖱 クリック。

3. 下図に示す ▮ **直線エッジ**を 🖱 クリックして**選択アイテム**に**追加**します。
   プレビューされなくなったことを確認し、✓ ［**OK**］ボタンを 🖱 クリック。

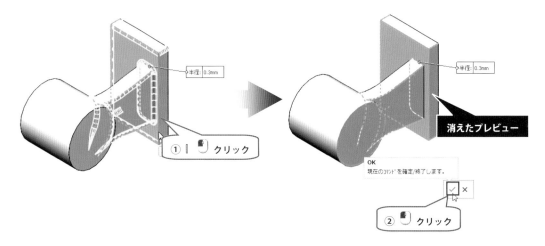

4. 『**エラー内容**』ダイアログが表示されるので、 FeatureXpert (F) を 🖱 クリック。

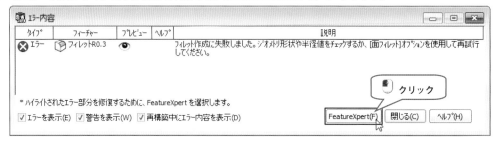

5. Feature Manager デザインツリーを確認します。

《 🪟 フィレット R0.3》を **2 つに分けることで**エラーが**修復**されています。

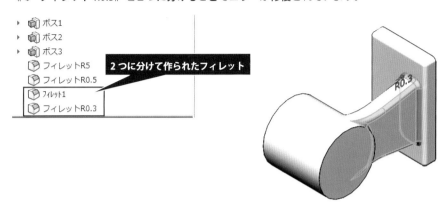

6. 🖫 [**保存**] で上書き保存をし、ウィンドウ右上の ☒ を 🖱 クリックして閉じます。

（※完成モデルはダウンロードフォルダー {📁 **Chapter14**} >｛📁 **FIX**｝に保存されています。）

14.3.2 抜き勾配の修復

問題のある  [抜き勾配] を「**FeatureXpert**」を使用して**修復**してみましょう。

1. ダウンロードフォルダー {⬛ **Chapter 14**} にある部品ファイル {🖫 **テールローターボス**} を開きます。

テールローターボス.SLDPRT

2. このモデルに**抜き勾配**を**追加**します。

   Command Manager【**フィーチャー**】タブより 🔲 [**抜き勾配**] を 🖱 クリック。

3. 【**マニュアル**】で「**ニュートラル平面**」と「**抜き勾配面**」になる ⬛ 面を 🖱 クリック。

   「**抜き勾配角度**」を <⌨ 1 ENTER> で設定し、✓ [**OK**] ボタンを 🖱 クリック。

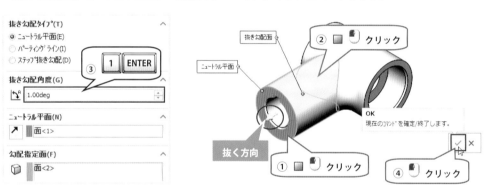

4. 『**エラー内容**』ダイアログが表示されるので、[FeatureXpert (F)] を 🖱 クリック。

5. Feature Manager デザインツリーで《🗀 抜き勾配 1》の**挿入位置**を**確認**します。

《🗀 **抜き勾配 1**》の**順序を変更**することで**エラー**が**修復**されています。

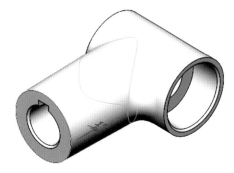

- ▸ 🗂 円柱ボス1
- ▸ 🗂 円柱ボス2
- ▸ 🗂 D10H7止め───┐
- ▸ 🗂 D5.5穴　　　順序変更された抜き勾配
- ▸ 🗂 D6キー溝穴
- 🗀 抜き勾配1
- 🗀 フィレットR3
- 🗀 面取りC0.3

6. 🖫 [**保存**] で上書き保存をし、ウィンドウ右上の ╳ を 🖰 クリックして閉じます。

（※完成モデルはダウンロードフォルダー {🗀 **Chapter14**} ＞ {🗀 **FIX**} に保存されています。）

参照　　STEP2　11.1.3 抜き勾配 (P100)

14.4 *M3 ねじ部品の作成*

エラーが発生している部品 { M3 ねじ} を開いて修復してみましょう。

1. ダウンロードフォルダー {📁 **Chapter 14**} にある部品ファイル {🔩 **M3 ねじ**} を開きます。

M3ねじ.SLDPRT

2. 『**メッセージボックス**』が表示されるので、再構築(R) を 🖱 クリック。

3. 『**エラー内容**』ダイアログのタイプ、フィーチャー、説明を確認して 閉じる(C) を 🖱 クリック。

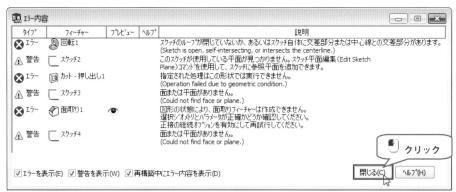

4. **Chapter14** で行った**エラー修復機能**を使用してエラーを修復してください。

　《🔩 **面取り 1**》の**距離**は「**0.3mm**」です。

 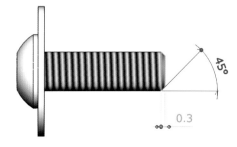

参照　14.2 エラーの修復 (P91)

5. 💾 [**保存**] で上書き保存をし、ウィンドウ右上の ⊠ を 🖱 クリックして閉じます。

（※完成モデルはダウンロードフォルダー {📁 **Chapter14**} > {📁 **FIX**} に保存されています。）

Chapter15

関係式とコンフィギュレーション

寸法に変数や関係式を定義する方法、1つの部品と複数のバージョンを作成できるコンフィギュレーション、ライブラリについて学びます。

リンク値（グローバル変数）

関係式

▶ 寸法名の変更

▶ 独立と従属

▶ 関係式の追加①

▶ 関係式の追加②

▶ 関係式の編集

▶ 関係式の削除

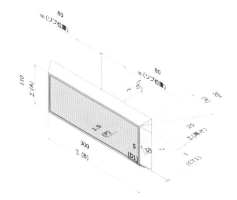

コンフィギュレーション

▶ *Configuration Manager*

▶ コンフィギュレーションの追加

▶ フィーチャーのコンフィギュレーション

▶ 寸法のコンフィギュレーション

▶ 材料のコンフィギュレーション

デザインライブラリ

▶ ファイルの場所を追加

▶ ライブラリに追加

▶ ライブラリを挿入

▶ *Toolbox* とは

▶ *Toolbox* から部品作成

15.1 リンク値（グローバル変数）

リンク値（グローバル変数）は、複数の寸法に同じ名前を割り当てることによって寸法値を統一します。
変数で設定されている値を変更すると、リンクされたすべての寸法値が変更されます。

1. ダウンロードフォルダー｛⬇ **Chapter 15**｝にある部品ファイル｛🗇 **台座**｝を開きます。

　　　　　台座.sldprt

2. Feature Manager デザインツリーの《🅰 **アノテートアイテム**》を 🖱 右クリックし、
メニューより［**フィーチャー寸法表示（C）**］を 🖱 クリックします。
すべての**フィーチャー寸法**が**表示**されます。

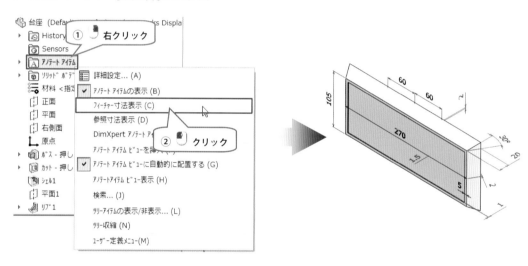

3. **メニューバー**より［**表示（V）**］＞［**非表示／表示（H）**］＞ [D1] ［**寸法名**］を 🖱 クリック（オン）すると、
寸法値の**下段**に「**寸法名**」が表示されます。

（※SOLIDWORKS2015 以前のバージョンでは［**表示（V）**］＞ [꙰] ［**寸法名**］を 🖱 クリックします。）

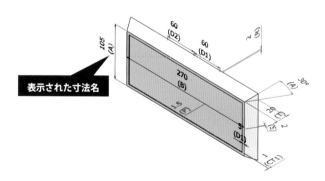

表示された寸法名

4. 寸法名「**D1**」に**リンク値**（**グローバル変数**）を作成します。

   寸法「**60（D1）**」を 右クリックし、メニューより［**寸法のリンク（H）**］を クリック。

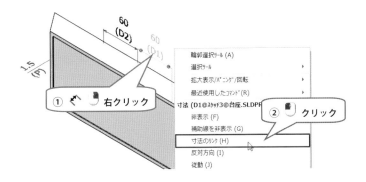

5. 『**共有値**』ダイアログが表示されるので、**名前**に＜**リブ位置**＞と入力して、 OK を クリック。

6. **寸法値の前にプレフィックス記号**（接頭語）が**追加**され、**変数名**が**寸法名**になります。

   プレフィックス記号は**寸法値**が**グローバル変数**に**リンク**していることを意味します。

   Feature Manager デザインツリーには［ Equations（関係式）］が作成されます。

   ［ **Equations**（（関係式）］を ▼ 展開して［ **"リブ位置"=60mm**］が追加されていることを確認します。

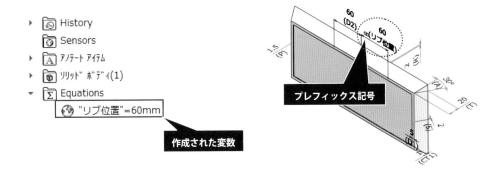

7. 他の**寸法**に**グローバル変数**「**リブ位置**」を追加します。

    ↰ **寸法**「**60（D2）**」を 🖱 右クリックし、メニューより［**寸法のリンク（G）**］を 🖱 クリック。

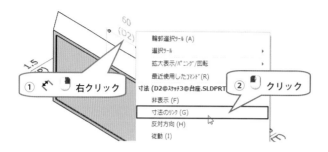

8. 『**共有値**』ダイアログが表示されます。

    名前の ▼ を 🖱 クリックして表示される［**リブ位置**］を 🖱 クリックして選択します。

    ⬚ OK を 🖱 クリックすると**グローバル変数**が割り当てられ、**∞ プレフィックス記号**が追加されます。

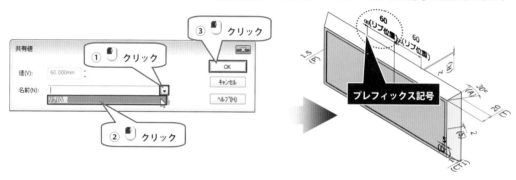

9. **寸法値**を**変更して****リンク**を**確認**します。

    グローバル変数「**リブ位置**」を追加した**寸法**のどちらかを＜ 8 0 ＞に**変更して** 🖱 ［**再構築**］を
    🖱 クリックすると、**寸法値**が**一括**で**変更**されます。

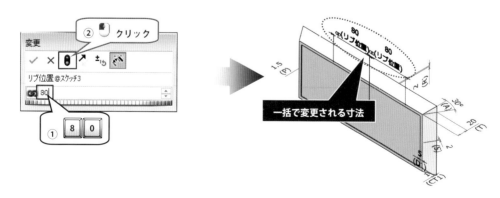

15.2 関係式

幾何拘束や寸法では設計意図を定義できないものを、**関係式は寸法間の数学的な関係を定義して実現**します。

関係式を作成する前に「**寸法名**」「**寸法の独立と従属**」を検討しておくと後々大きなメリットが得られます。

15.2.1 寸法名の変更

寸法のデフォルトの名前はあまりわかりやすいものではありません。

設計者以外の誰が見ても関係式の働きがわかるように、寸法の名前を**論理的で理解しやすいものに変更**しておきましょう。

1. **寸法名を変更する** ✨寸法を 🖱 クリックして、Property Manager「✨ 寸法配置」を表示させます。
   【値】タブの**主要値グループボックス**に表示される「@」（アットマーク）の**左側**が**寸法名**です。

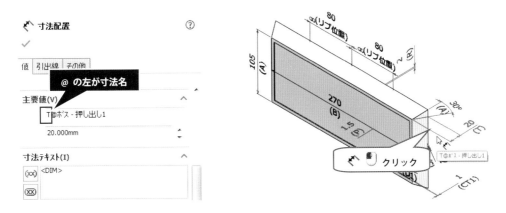

2. 「@」の**左側**に＜高さ＞と ⌨ 入力して ✓ [OK] ボタンを 🖱 クリックすると**寸法名**が**変更**されます。
   寸法値の**下段**に寸法名「**高さ**」が（　）に閉じて表示されます。

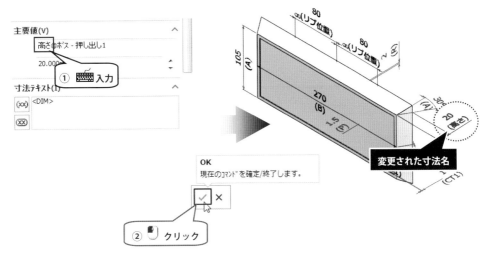

15.2.2 独立と従属

SOLIDWORKS の関係式では、「**従属 = 独立**」という形式の**等式**を使用します。

これは **A = B** という等式があるとき、システムは **B**（**独立**）を変更すると **A**（**従属**）を計算します。

関係式で従属された寸法値は変更できなくなります。

関係式：例 1

下図では距離寸法 X が独立した寸法で、距離寸法 Y に「**X / 2**」、距離寸法 Z に「**X×0.2**」という式を定義しています。X を「**50mm**」に変更したとき、Y は「**25mm**」、Z は「**10mm**」に変更されます。

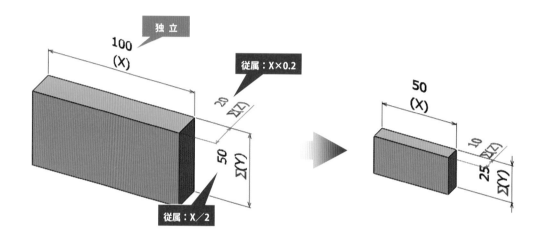

関係式：例 2

下図では外径の直径寸法（OD）が独立した寸法で、内径の直径寸法に「**OD×0.8**」、溝を円形パターン化した個数に「**OD×0.1**」という式を定義しています。

外径の直径寸法（OD）を「**50mm**」に変更したとき、内径の直径寸法は「**40mm**」、円形パターン化の個数は「**5**」に変更されます。

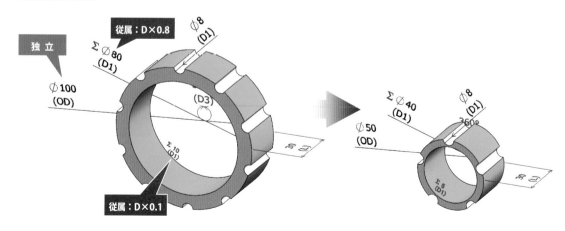

15.2.3 関係式の追加①

台座の縦と横の**長さ寸法**に縦横比の**関係式**を使用して関係性を持たせてみましょう。

（※下記の操作は SOLIDWORKS2012 以降の操作です。）

グローバル変数の追加

寸法名 B に**グローバル変数**<**B**>を追加します。

（※SOLIDWORKS2011 以前のバージョンでは［**寸法のリンク**］を使用してグローバル変数を作成します。）

1. 寸法「**270（B)**」を ×2 ダブルクリックして『**変更**』ダイアログを表示させます。

   『**変更**』ダイアログから**グローバル変数**を**新規**に**作成**します。

   <= B>（イコールビー、B は変数名）と入力し、[**グローバル変数**]を クリック。

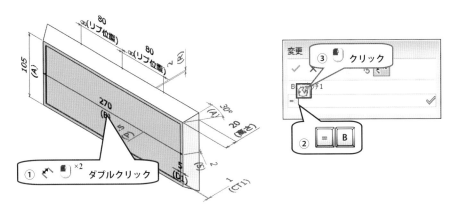

   <= B>の後に ENTER を押した場合は、メッセージダイアログに「**新しいグローバル変数 "B" を作成**
   しますか？」と表示されるので はい(Y) を クリック。

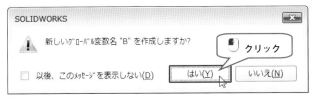

2. **グローバル変数アイコン**が に変わり、**寸法値**の横に**セット**されます。

   を クリックすると、**グローバル変数**の**名前**に切り替わります。

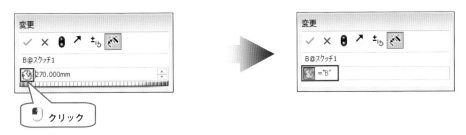

3. [OK] ボタン ◔ をクリックすると、「270（B）」に Σ マークが表示されます。

[Σ Equations (関係式)] に [⊕ "B" ＝270] が追加されていることを確認します。

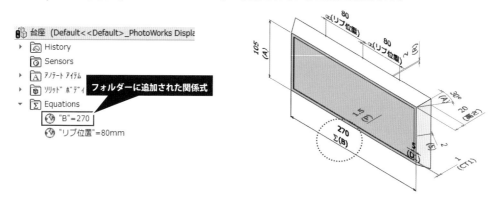

フォルダーに追加された関係式

関係式の追加

寸法名 A に関係式＜A＝B／3＋10＞を追加します。（※下記の操作は SOLIDWORKS2012 以降の操作です。）

1. ❮ 寸法「105（A）」を ◔×² ダブルクリックして『変更』ダイアログを表示させます。

2. グローバル変数を使用して関係式を作成します。『変更』ダイアログに＜＝＞（イコール）と ⌨ 入力し、

グローバル変数から [⊕ B（270）] を ◔ クリック。グローバル変数「"B"」の後に＜／3＋10＞と式を ⌨ 入力し、◉ [再構築] を ◔クリック。

3. 寸法値は関係式＜／3＋10＞が適用され、寸法に Σ マークが表示されます。

ダイアログの ▣ を ◔ クリックすると、関係式と寸法値の表示が切り替わります。

✓ [OK] ボタンを ◔ クリックしてダイアログを閉じます。

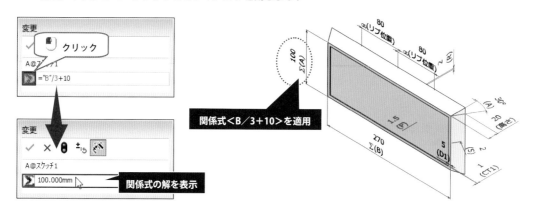

関係式＜B／3＋10＞を適用

4. 独立している寸法「270（B）」を変更して関係式が駆動するか確認します。

   ⟨ 寸法「270（B)」を<③ ⓪ ⓪>に変更して ⬛ ［再構築］を ⬛ クリック。

   寸法（A）が関係式<B／3+10>により計算され、110mm になります。

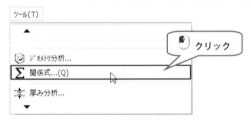

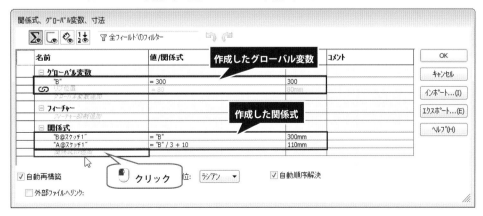

15.2.4　関係式の追加②

『関係式、グローバル変数、寸法』ダイアログからグローバル変数や関係式を追加、編集できます。

（※下記の操作は SOLIDWORKS2012 以降の操作です。）

1. メニューバーの ［ツール（T)］ > Σ ［関係式（Q)］を ⬛ クリック。

   ```
   ツール(T)
   ▲
   👁 ジオメトリ分析...                           ⬛ クリック
   Σ  関係式...(Q)
   ⎈  厚み分析...
   ▼
   ```

2. 『関係式、グローバル変数、寸法』ダイアログが表示されるので、作成したグローバル変数と関係式が表示されていることを確認します。関係式を追加するには、［関係式の追加］セルを ⬛ クリック。

   関係式、グローバル変数、寸法

名前	値／関係式		コメント	
□ グローバル変数		作成したグローバル変数		OK
"B"	= 300		300	キャンセル
🔗　リブ位置	= 80		80mm	インポート...(I)
グローバル変数追加				
□ フィーチャー		作成した関係式		エクスポート...(E)
フィーチャー状態追加				ヘルプ(H)
□ 関係式				
"B@スケッチ1"	= "B"		300mm	
"A@スケッチ1"	= "B" / 3 + 10		110mm	
関係式の追加				

   ☑ 自動再構築　　　　　⬛ クリック　　　位: ラジアン ▼　　☑ 自動順序解決

   ☐ 外部ファイルへリンク:

3. グラフィックス領域より  寸法「20（高さ）」を クリックすると、**関係式セル**に

「**"高さ@ボス - 押し出し1"**」を表示します。これが関係式によって導き出される**答え**になります。

4. **値／関係式セル**に移動します。

カーソルを移動して表示されるメニューより ［🌐 **B（300)**]を クリック。

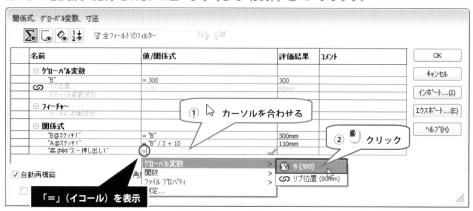

5.　＜ * 0 . 1 ー 5 ＞と 入力。

有効な式が作成されると**セルの右側**に　✅ OK マークが表示されます。

式が**無効**な場合、OK マークは　✅ **灰色**で表示されます。

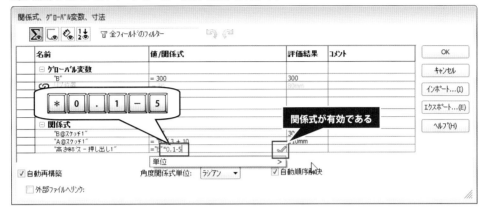

6.　ENTER を押すと**評価結果**に計算結果「**25mm**」が**表示**されます。

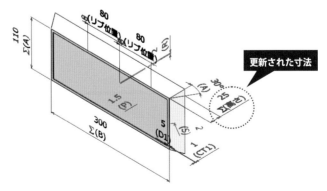

7.　OK を 🖱 クリックしてダイアログを閉じます。

15.2.5 関係式の編集

定義した**関係式**の編集は、『**関係式、グローバル変数、寸法**』ダイアログにて行います。

（※下記の操作は SOLIDWORKS2012 以降の操作です。）

1. Feature Manager デザインツリーの［Σ **Equations**（**関係式**）］を 🖱 右クリックし、メニューより
   ［**関係式の管理**（**A**）］を 🖱 クリック、またはメニューバーの［**ツール**（**T**）］ > Σ［**関係式**（**Q**）］を
   🖱 クリック。

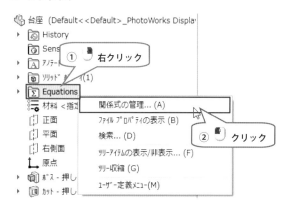

2. 『**関係式、グローバル変数、寸法**』ダイアログが表示されるので**関係式セル**を**編集**します。
   入力操作を間違えた場合には、🔄［**取り消し**］を 🖱 クリックすると編集内容を１つ取り消せます。

3. ［ OK ］を 🖱 クリックしてダイアログを閉じます。

👉 *POINT* **関係式の特性**

編集時には、次の３点にご注意ください。

▶ **寸法名**は、**クオーツ**（""）で**囲む必要**があります。

▶ **関係式**は、**左から右に計算**されます。

▶ **関係式**は、**順序指定ビュー**に表示される順番で計算されます。順番が変更可能です。

15.2.6 関係式の削除

定義した**関係式**の削除は、『**関係式、グローバル変数、寸法**』ダイアログにて行います。

（※下記の操作は SOLIDWORKS2012 以降の操作です。）

1. Feature Manager デザインツリーの［Σ **Equations**（関係式）］を 🖱 右クリックし、
メニューより［**関係式の管理（A）**］を 🖱 クリック。
または**メニューバー**の［**ツール（T）**］＞ Σ ［**関係式（Q）**］を 🖱 クリック。

2. 削除するグローバル変数または関係式が含まれたセルの名前（またはセル一番左の ⬜ ）で 🖱 右クリック
し、メニューから［**グローバル変数の削除**］または［**削除式の削除**］を 🖱 クリックすると削除されます。
削除確認のダイアログは表示されません。

⚠ グローバル変数または関係式を削除すると、そのグローバル変数または関係式を含む他の関係式
が無効になる場合がありますので注意してください。

3. ［ **OK** ］を 🖱 クリックしてダイアログを閉じます。

削除をキャンセルする場合は、［ **キャンセル** ］🖱 クリックしてダイアログを閉じます。

4. 🖫 ［**保存**］で上書き保存をし、ウィンドウ右上の ✕ を 🖱 クリックして閉じます。

（※完成モデルはダウンロードフォルダー { 🗀 **Chapter15** } ＞ { 🗀 **FIX** } に保存されています。）

POINT 使用可能な演算子

関係式の作成には「**加算：+**」「**減算：−**」「**乗算：***」「**除算：/**」「**累乗：^**」の**演算子**が使用できます。
括弧（　）を使用することも可能です。

 POINT 使用可能な関数

算術関数と特殊関数を関係式に使用できます。下記の関数の使用が可能です。

sin (a)	sine	arccosec (a)	inverse cosecant
cos (a)	cosine	arccotan (a)	inverse cotangent
tan (a)	tangent	abs (a)	absolute value
sec (a)	secant	exp (n)	exponential
cosec (a)	cosecant	log (a)	logarithmic
cotan (a)	cotangent	sqr (a)	square root
arcsin (a)	inverse sine	int (a)	integer
arccos (a)	inverse cosine	sgn (a)	sign
atn (a)	inverse tangent	arccosec (a)	inverse cosecant
arcsec (a)	inverse secant		

15.3 コンフィギュレーション

コンフィギュレーションを使うと、**1つの部品ファイルで複数のバージョンを表現**できます。

コンフィギュレーションは、部品、アセンブリのどちらにも作成できます。

15.3.1 *Configuration Manager*

Configuration Manager は、部品やアセンブリのコンフィギュレーションを作成、選択、表示するツールです。

1. ダウンロードフォルダー｛ 🗁 **Chapter 15**｝にある部品ファイル｛🗊 **メインローター**｝を開きます。

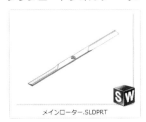

メインローター.SLDPRT

2. Feature Manager デザインツリーウィンドウ（マネージャパネル）を**上下**に**二分割**します。

   下図に示す位置（**スプリッターバー**）にカーソルを**移動**して 🗘 が表示されたら 🖱 ドラッグし、**下へ移動**して 🖱 ドロップすると分割されます。

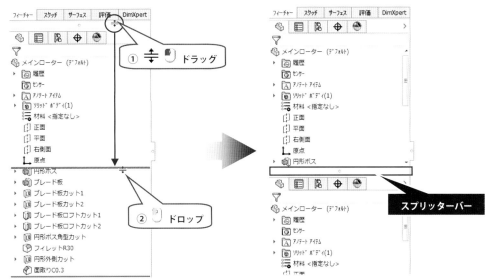

3. 上部の Feature Manager にある 🔳 [**Configuration Manager**] を 🖱 クリックして

   Configuration Manager に切り替えます。《✓ **デフォルト**》という**コンフィギュレーション**があります。

POINT マネージャパネルの分割解除

マネージャパネルの分割位置（**スプリッターバー**）で ≑ が表示されたら 🖱 ドラッグし、

元の位置（最上部）で 🖱 ドロップします。または**スプリッターバー**を 🖱×2 ダブルクリックします。

 POINT マネージャパネルの種類

SOLIDWORKS ウィンドウの左側に表示される**マネージャパネル**には下記のものがあります。

🖐 **Feature Manager デザインツリー**

部品ではフィーチャーが作成した順に上から下へとフィーチャー名が表示されます。

アセンブリでは構成部品、合致フォルダー、アセンブリフィーチャーを表示します。

図面ではシートフォーマットのアイコンとそれぞれのビューを表示します。

📋 **Property Manager**

エンティティやフィーチャーのプロパティを表示します。

🔖 **Configuration Manager**

部品やアセンブリの複数のコンフィギュレーションを作成、選択、表示するためのツールです。

⊕ **DimXpert Manager**

寸法と公差を部品に挿入するために使用する DimXpert ツールを表示します。

🌐 **Display Manager**

現在のモデルに適用されている外観、デカル、照明、シーン、カメラを表示します。

PhotoView 360 がアドオンされた場合は、Display Manager から PhotoView オプションにアクセスできます。

Configuration Manager で新規にコンフィギュレーションを追加する方法を説明します。

1. Configuration Manager の余白部分で 🖑 右クリックし、メニューより［コンフィギュレーションの追加（A）］を 🖑 クリック。「コンフィギュレーションプロパティ」の「コンフィギュレーション名」に＜TYPE-A＞と ⌨ 入力して ✓［OK］ボタンを 🖑 クリック。

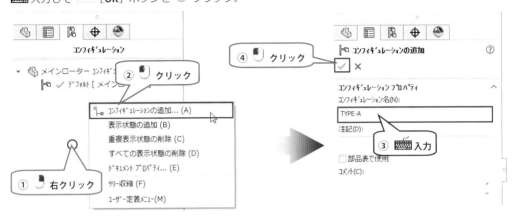

2. コンフィギュレーション《✓ TYPE-A》が作成され、アクティブコンフィギュレーションになります。

   ✓ はアクティブコンフィギュレーションを意味しており、グラフィックス領域にはこのバージョンを表示します。

👍 *POINT* コンフィギュレーション記号

コンフィギュレーション記号はコンフィギュレーションの状態を表します。

記号	説　明
✅ ✅	最新の完全なデータセットがあるコンフィギュレーションであることを意味します。
💾 💾	次回ドキュメントを保存するときに完全なデータセットを生成するコンフィギュレーションを示します。ドキュメントを保存するたびにデータが再構築されて保存します。
ー	完全なデータセットが最新でないか、または存在しないコンフィギュレーションです。

3. Windows 標準操作の**コピー&ペースト**で**新規**に**コンフィギュレーション**を**追加**できます。

コンフィギュレーション《 ✓ **TYPE-A**》を  クリックし、CTRL を押しながら C を押します。

4. Configuration Manager の**余白部分**で CTRL を押しながら V を押します。

《 ✓ **TYPE-A**》のコピー《 ― Copy Of TYPE-A》が作成されます。

コピーして作成されたコンフィギュレーション

5. コンフィギュレーションの**名前**を<**TYPE-B**>に**変更**します。

《 ― Copy Of TYPE-A》をゆっくり 2回クリック、《 ― Copy Of TYPE-A》を クリックした後に F2 を押し、右クリックメニューの[**プロパティ（F）**]から**編集**できます。

《 ― Copy Of TYPE-A》で 右クリックし、メニューより [**プロパティ（F）**] を クリックして表示される Property Manager「 **コンフィギュレーションプロパティ**」にて編集します。

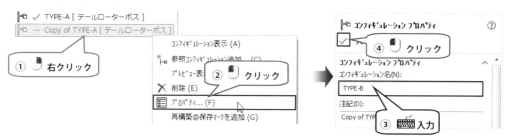

6. **アクティブコンフィギュレーション**を切り替えます。

《 ― TYPE-B》を ×2 ダブルクリックすると、《 ✓ **TYPE-B**》に変わります。

または《 ― TYPE-B》で 右クリックし、メニューより [**コンフィギュレーション表示（A）**] を クリック。

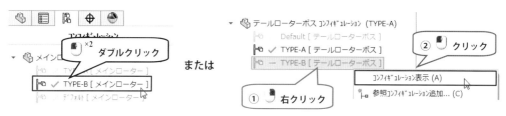

15.3.3 フィーチャーのコンフィギュレーション

コンフィギュレーションごとに**フィーチャーの抑制**を**コントロール**できます。

1. アクティブコンフィギュレーションを切り替えます。《 TYPE-A》を 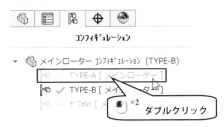 ダブルクリック。

2. 下部に表示されている Feature Manager **デザインツリー**で**操作**をします。

   最下部の《リブスケッチ》を クリックし、Command Manager【フィーチャー】タブの
   [リブ] を クリック。

3. モデルを**回転**して**裏側**にし、**ボス部**を**拡大**します。

   「厚み」は ☰ [両側] を クリック、「展開ラインの厚み」に <1> と入力。

   「押し出しの方向」は ◇ [スケッチに平行] を クリック、「部材方向反転」のチェック ON (☑)。

   プレビューを確認して ✓ [OK] ボタンを クリック。

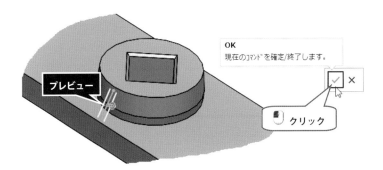

4. フィーチャーの名前を<**補強板**>に**変更**します。

   参照 STEP2 11.1.6 補強板を作成する（リブ）（P113）

5. 《 🖋 補強板》を**円形状**に**コピー**します。

   Feature Manager デザインツリーより《 🖋 補強板》を 🖱 クリックして選択します。

6. Command Manager【**フィーチャー**】タブの 🔀 [**円形パターン**] を 🖱 クリック。

7. 「**パターン軸**」とし、下図に示す ∥ **円形エッジ**または ▣ **円筒面**を 🖱 クリック。

   「**等間隔**」を ◉ 選択し、「**インスタンス数**」に < 6 > と ⌨ 入力。

   プレビューを確認して ✓ [**OK**] ボタンを 🖱 クリック。

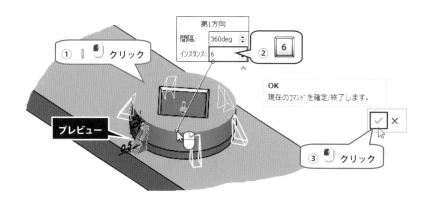

8. フィーチャーの名前を<**補強板パターン**>に**変更**します。

9. 《TYPE-B》を 🖱×2 ダブルクリックして ✓ **アクティブコンフィギュレーション**にします。

10. 《 🖋 **補強板**》と《🔀 **補強板パターン**》は**抑制**されています。

    作成された**フィーチャー**は**アクティブコンフィギュレーションのみに適用**（抑制解除）され、

    他のコンフィギュレーションは抑制されます。

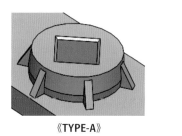

《**TYPE-A**》

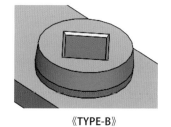

《**TYPE-B**》

参照 STEP1 7.2.5 フィーチャーの円形パターン (P55)

11. **抑制**は『**コンフィギュレーションの変更（M）**』ダイアログにてコントロールします。

Feature Manager デザインツリーより《 補強板パターン》で 右クリックし、

メニューより [**フィーチャーのコンフィギュレーション（P）**] を クリック。

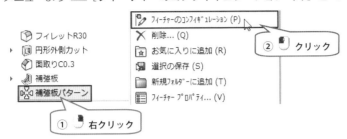

12. 『**コンフィギュレーションの変更（M）**』ダイアログが表示されます。

「**TYPE-B**」の「**抑制**」のチェックを OFF（□）にし、「**テーブル名**」に＜**円形パターン**＞と 入力。

ダイアログの内容は**テーブル**として**保存**し、Configuration Manager の [**テーブル**] に表示できます。

適用(A) OK(O) を クリック。

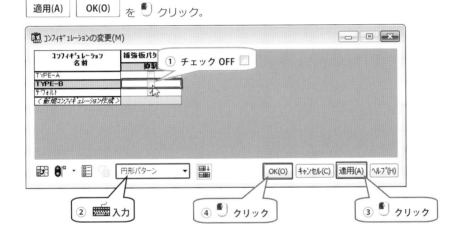

《 補強板》と《 補強板パターン》がコンフィギュレーション《**TYPE-B**》で**抑制解除**されます。

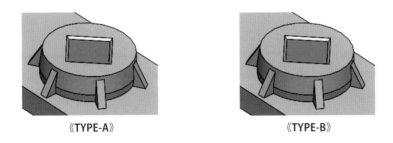

《TYPE-A》　　　　　《TYPE-B》

15.3.4 寸法のコンフィギュレーション

コンフィギュレーションごとに**数値**（寸法やパターンの個数）を**コントロール**できます。

1. 《⬚ **円形外側カット**》の ✎ **直径寸法**「φ**310**」を 🖱 右クリックし、

    メニューより 🖉 [**寸法のコンフィギュレーション（H）**] を 🖱 クリック。

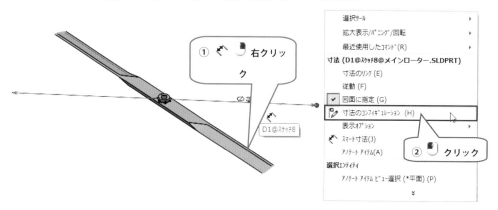

2. 『**コンフィギュレーションの変更（M）**』ダイアログが表示されます。

    「**TYPE-B**」に <**2 5 0**>、「**テーブル名**」に <**円形カット**> と ⌨ 入力。

    ダイアログの内容は**テーブル**として**保存**し、Configuration Manager の ［📊 **テーブル**］ に表示できます。

    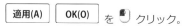

    [**適用(A)**] [**OK(O)**] を 🖱 クリック。

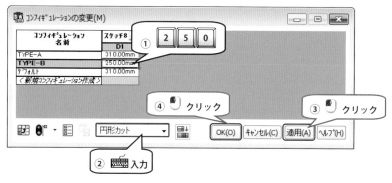

3. コンフィギュレーションを切り替えて**ブレードの大きさが変わること**を**確認**します。

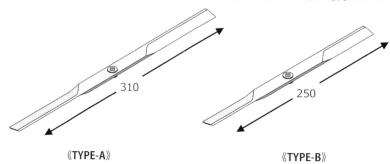

《**TYPE-A**》　　　　　　　　《**TYPE-B**》

4. コンフィギュレーション《**TYPE-A**》を  クリックし、 **CTRL** を押しながら **Cそ** を押します。

5. Configuration Manager の**余白部分**で **CTRL** を押しながら **Vひ** を押します。
   コンフィギュレーションの**名前**を<**TYPE-C**>に**変更**します。

6. コンフィギュレーション《**TYPE-B**》を クリックし、 **CTRL** を押しながら **Cそ** を押します。

7. Configuration Manager の**余白部分**で **CTRL** を押しながら **Vひ** を押します。
   コンフィギュレーションの**名前**を<**TYPE-D**>に**変更**します。

8. ［🗐 **テーブル**］内の《🀫 **円形カット**》を ^{×2} ダブルクリックすると、『**コンフィギュレーションの変更（M）**』ダイアログが表示されます。表示される内容は、**円形カットの寸法コンフィギュレーション**のものです。

9. 🖬 ［**すべてのパラメータ**］を クリックすると、**コンフィギュレーションフィーチャー**と
   コンフィギュレーション寸法を表示します。

   「**TYPE-C**」と「**TYPE-D**」の「**抑制**」をチェック ON（☑）にし、 **適用(A)** **OK(O)** を クリック。

   （※ ［**すべてのパラメータ**］アイコンは SOLIDWORKS2012 以降の機能です。）

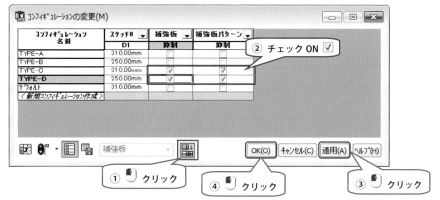

10. アクティブコンフィギュレーションを《**TYPE-C**》と《**TYPE-D**》に切り替えて、

《 補強板》と《 補強板パターン》が抑制され、**ブレードの大きさが変わる**ことを**確認**します。

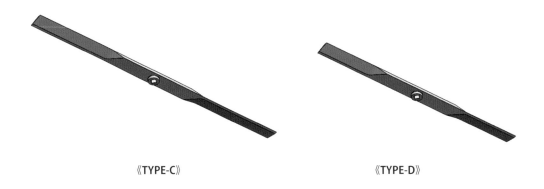

《**TYPE-C**》　　　　　　　　　　《**TYPE-D**》

15.3.5 *材料のコンフィギュレーション*

コンフィギュレーションごとに**材料**を**コントロール**できます。

1. Feature Manager デザインツリーから［ **材料＜指定なし＞**］を 右クリックし、

   メニューより ［**材料コンフィギュレーション（B）**］を クリック。

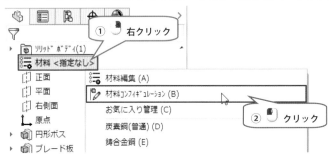

2. 『**コンフィギュレーションの変更（M）**』ダイアログが表示されます。

   「**TYPE-A**」の「**材料**」にある を クリックすると**材料のリスト**が**表示**されます。

   材料のリストより選択できますが、ここでは［**詳細参照..**］を クリック。

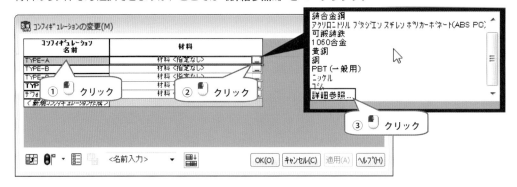

3. 『**材料**』ダイアログが表示されます。

   ［🗀 solidworks materials］＞［🗀 **プラスチック**］＞［≣ ABS］を 🖱 クリック。

   ｜適用(A)｜ ｜閉じる(C)｜ を 🖱 クリック。

4. 下図の『**メッセージボックス**』が表示された場合は ｜はい(Y)｜ を 🖱 クリック。

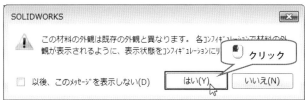

5. 同様の方法で「**TYPE-B**」を［≣ ABS］、「**TYPE-C**」と「**TYPE-D**」を［🗀 **銅合金**］＞［≣ **アルミ青銅**］に

   設定します。「**テーブル名**」に＜**材料**＞と ⌨ 入力し、｜適用(A)｜ ｜閉じる(C)｜ を 🖱 クリック。

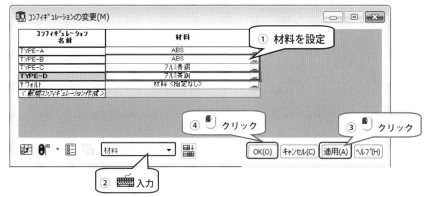

6. ［🗀 **テーブル**］に《🎛 **材料**》が作成されます。

   🖱 ×2 ダブルクリックすると、『**コンフィギュレーションの変更（M）**』ダイアログが表示されます。

7. アクティブコンフィギュレーションを切り替えて、**フィーチャーの抑制**、**ブレードの大きさ**、**材料**が変わることを確認します。

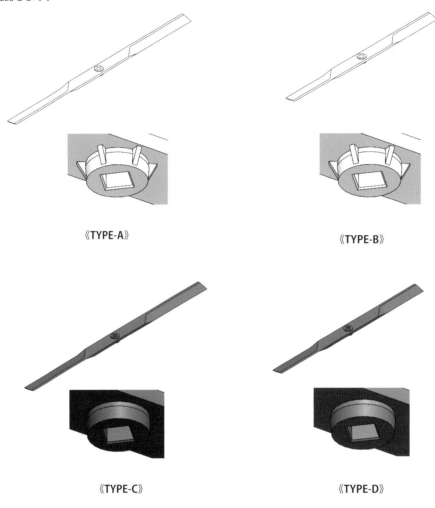

《TYPE-A》　　　　　　　　　　　　　　《TYPE-B》

《TYPE-C》　　　　　　　　　　　　　　《TYPE-D》

8. 🖫 [**保存**] で上書き保存をし、ウィンドウ右上の ☒ を 🖱 クリックして閉じます。

（※完成モデルはダウンロードフォルダー {🗀 **Chapter15**} ＞ {🗀 **FIX**} に保存されています。）

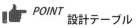 POINT 設計テーブル

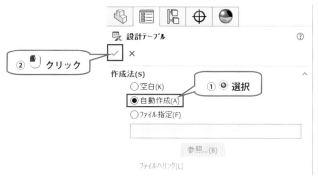
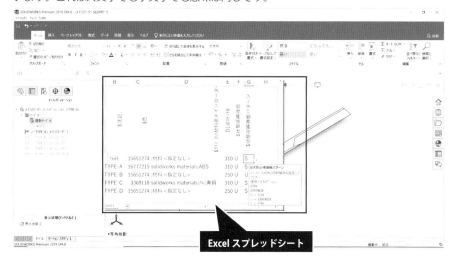

15.4 デザインライブラリ

タスクパネルの [デザインライブラリ] では、部品、アセンブリ、スケッチ、フィーチャーなどの再使用可能なエレメントをまとめて管理します。

ライブラリ

タスクパネルの [デザインライブラリ] では、次の4つのライブラリを使用できます。

ライブラリ	説　明
🗄 **デザインライブラリ**	SOLIDWORKS によって作成した、スケッチ、フィーチャー、部品などの再利用可能なアイテムをフォルダーに追加します。
🔩 **Toolbox**	SOLIDWORKS Toolbox ライブラリをインストールしてアドインして使用します。
🌐 **3D ContentCentral**	ブロック、Routing、CircuitWorks、溶接のための追加の SOLIDWORKS コンテンツです。WEB よりダウンロードして使用します。
🗄 **SOLIDWORKS Content**	すべての主要な CAD フォーマットの部品サプライヤと個人からの3Dモデルです。

デザインライブラリツール

タスクパネルの [デザインライブラリ] では、次のツールを使用できます。

ツール	説　明
⬅ [**戻る**]	以前のフォルダーに戻ります。
➡ [**進む**]	戻ったフォルダーの履歴を下ります。
🗄 [**ライブラリに追加**]	選択したアイテムをライブラリに追加します。
🗄 [**ファイルの場所を追加**]	既存のフォルダーをデザインライブラリに追加します。
📁 [**新規フォルダーの作成**]	デザインライブラリ内に新規フォルダーを作成します。
🔄 [**更新**]	デザインライブラリタブの表示を更新します。
⬆ [**一つ上のレベル**]	親フォルダに移動します。
🔩 [**コンフィギュレーション Toolbox**]	Toolbox のカスタマイズダイアログを表示し、アクティブ化します

デザインライブラリにファイルの場所を追加する方法を説明します。

1. ダウンロードフォルダー {⬚ **Chapter 15**} にある部品ファイル {🔧 **キー溝**} を開きます。

キー溝.SLDPRT

2. **タスクパネル**の 🗄 [**デザインライブラリ**] を 🖱 クリックし、プッシュピンを「📌」にして**表示を**
   固定状態にしておきます。**デザインライブラリツール**の 🗄 [**ファイルの場所を追加**] を 🖱 クリック。

3. 『**フォルダーを選択してください**』ダイアログが表示されるので、ダウンロードフォルダー {⬚ **Chapter 15**}

   を選択して | **OK** | を 🖱 クリック。

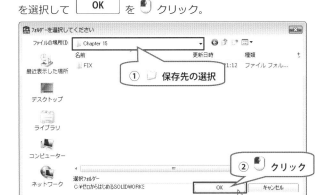

4. 🗄 [**デザインライブラリ**] に {🗄 **Chapter 15**} が追加されたことを確認します。

15.4.2 ライブラリに追加

選択したアイテム（フィーチャーやスケッチなど）を**デザインライブラリに追加する方法**について説明します。
キー溝用の**カットフィーチャー**を**追加**してみましょう。

1. 🗄 [**デザインライブラリ**] に追加した {🗄 **Chapter 15**} を 🖱 クリックして選択します。

2. Feature Manager デザインツリーの《🗄 **キー溝**》を 🖱 クリックし、**デザインライブラリツール**の
   🗄 [**ライブラリに追加**] を 🖱 クリック。または《🗄 **キー溝**》を 🖱 ドラッグして [**デザインライブラリ**]
   で 🖱 ドロップします。

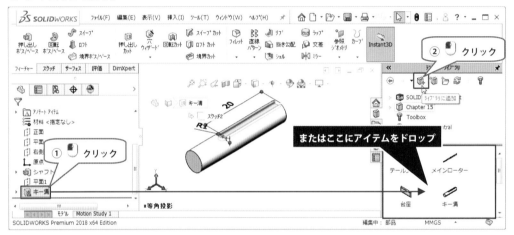

3. Property Manager「🗄 **ライブラリに追加**」が表示されます。

   「**ファイル名**」に<**キー溝カット**>と⌨入力し、✓ [**OK**] ボタンを 🖱 クリック。

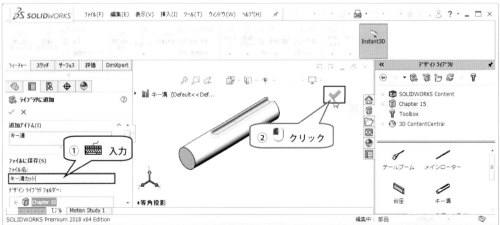

4. 🗄 [**保存**] で上書き保存をし、ウィンドウ右上の ⊠ を 🖱 クリックして閉じます。

15.4.3 ライブラリを挿入

追加したライブラリフィーチャー {✐ **キー溝カット**} を**他の部品**に**挿入**してみましょう。

1. ダウンロードフォルダー {📁 **Chapter 15**} にある部品ファイル {🧊 **テールブーム**} を開きます。

テールブーム.SLDPRT

2. {📁 **Chapter 15**} にある {✐ **キー溝カット**} を 🖱 ドラッグし、

グラフィックス領域に表示されている《🔲**キー溝配置平面**》で 🖱 ドロップ。

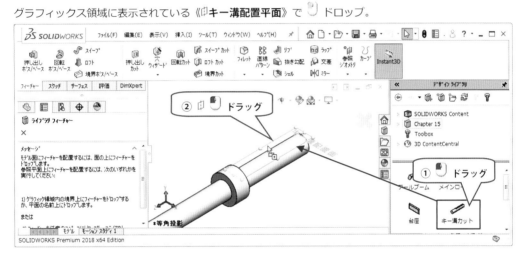

3. 「**キー溝カット.sldlfp**」ウィンドウ、Property Manager には「**キー溝カット**」が表示されます。

配置する参照アイテム（参照点）を求められているので、下図に示す ●**点**を 🖱 クリック。

（※バージョンにより参照アイテムとして円筒面の‖エッジを指定する必要があります。）

4. **円筒面**に**キー溝**が作成されるので、 ✓ [**OK**] ボタンを 🖱 クリック。

（※参照アイテムは挿入するライブラリにより異なり、複数求められる場合があります。）

（※コンフィギュレーションのあるアイテムでは Property Manager にてコンフィギュレーションを選択します。）

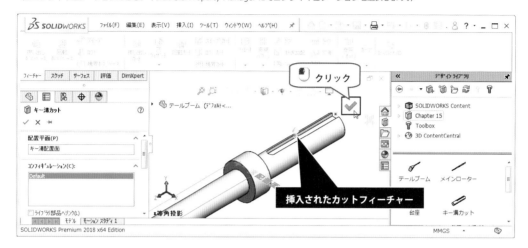

5. Feature Manager デザインツリーに《🛞 **キー溝カット**》が追加されます。

《🛞 **キー溝カット**》を▼展開するとフィーチャーとスケッチが表示されます。

🔯 [**フィーチャー編集**] と 🖉 [**スケッチ編集**] が可能です。

    📁 キー溝配置面
    ⌐ キー溝配置点
▼ 🛞 キー溝カット<1>(Default)
    ▶ 🔲 キー溝

6. 🖫 [**保存**] で上書き保存をし、ウィンドウ右上の ✕ を 🖱 クリックして閉じます。

（※完成モデルはダウンロードフォルダー { 📁 **Chapter15**} ＞ { 📁 **FIX**} に保存されています。）

15.4.4 **Toolbox とは**

SOLIDWORKS Toolbox は、ISO や JIS などの規格で定められている**機械要素**などの**標準部品**を使用できる
ライブラリです。

「**ANSI、AS、GB、BSI、CISC、DIN、GB、ISO、IS、JIS、KS**」などの規格をサポートしています。

次の標準部品の使用が可能です。

◆軸受　◆ボルトとねじ　◆ナット　◆座金　◆ピン　◆止め輪　◆カム　◆ギア　◆ジグ ブッシュ

◆インサート　◆スプロケット　◆アルミニウム、鋼を含む構造体　◆タイミングベルトプーリ　◆Unistrut®

Toolbox をアドインする

SOLIDWORKS Toolbox はインストールした上でアドインする必要があります。

SOLIDWORKS Toolbox には「**SOLIDWORKS Toolbox Utilities**」「**SOLIDWORKS Toolbox Library**」という２つの
アドインがあります。

1.　**標準ツールバーの** ⚙ [**オプション**] 右の ⌄ を 🖱 クリック、メニューより [**アドイン**] を 🖱 クリック。
　またはタスクパネルの 🏛 [**デザインライブラリ**] の 🔩 [**Toolbox**] を 🖱 クリックして表示される
　[<u>*今アドイン*</u>] を 🖱 クリック。（※*今アドイン*では、『**アドイン**』ダイアログは表示されません。）

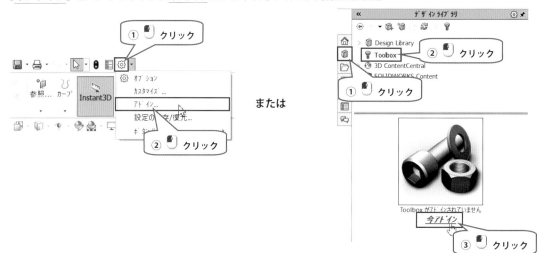

2.　『**アドイン**』ダイアログが表示されます。
　　[**SOLIDWORKS Toolbox Utilities**] と [**SOLIDWORKS Toolbox Library**] をチェック ON（☑）にします。

　　　OK　を 🖱 クリックすると **SOLIDWORKS Toolbox** を**ロード**して使用可能にします。

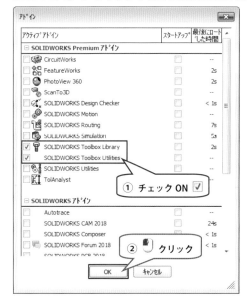

「**SOLIDWORKS Toolbox Library**」は、Toolbox コンフィギュレーションツールと Toolbox デザインライブラリタスクパネルを使用可能にします。**JIS 規格**の**六角穴付きボルト**を作成してみましょう。

1. **デザインライブラリ**から構成部品の**タイプ**を選択します。

    ［🔧 **Toolbox**］＞［⊙ **JIS**］＞［🔩 **ボルトとねじ**］＞［🔩 **六角穴付きボルト**］を⬌展開します。

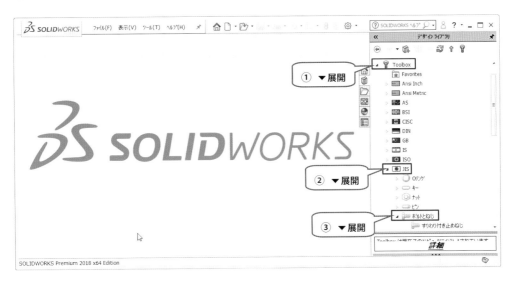

2. 利用可能な構成部品の**イメージ**と**説明**がタスクパネルの下部に表示されます。

3. 構成部品「**六角穴付きボルト JIS B 1176**」を 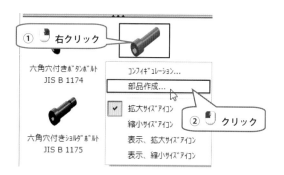 右クリックし、メニューより [**部品作成**] を クリック。

4. Property Manager に「**構成部品のコンフィギュレーション**」が表示されます。

「**プロパティ**」にてサイズなどのプロパティの値を設定します。

ねじ類の場合は「**サイズ**」「**長さ**」「**ねじ部の長さ**」「**ねじ山の表示方法**」などを設定します。

[**OK**] ボタンを クリックすると、設定したプロパティで部品が作成されます。

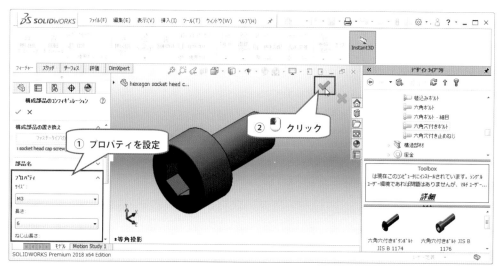

5. 任意の名前を付けて 📘 [**保存**] をし、ウィンドウ右上の ✕ を クリックして閉じます。

（※完成モデルはダウンロードフォルダー {📁 **Chapter15**} > {📁 **FIX**} に保存されています。）

☝ *POINT* SOLIDWORKS Toolbox Utilities

「**SOLIDWORKS Toolbox Utilities**」は、梁の計算、軸受けの計算、カム、溝、形鋼の作成ツールです。

1. メニューバーより［**ツール（T）**］>［**ToolBox（X）**］より使用する**ツール**を 🖱 クリック。

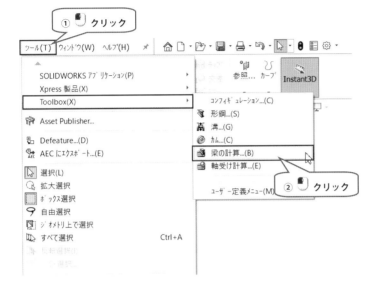

2. ツール固有のダイアログが表示されます。

   計算条件を選択および ⌨ 入力して設定をし、 [**計算開始**] を 🖱 クリック。

   （※下図は［**梁の計算**］の「**片持ち梁で自由端に集中荷重**」で「**たわみ**」を計算しています。）

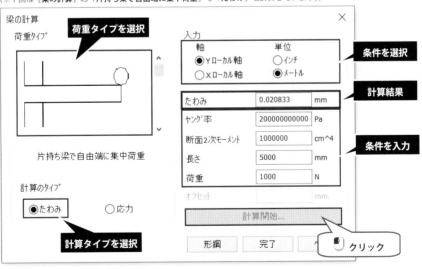

ゼロからはじめる **SOLIDWORKS**

Series2 アセンブリ入門

索引

Ⓒオズクリエイション　2020

ゼロからはじめる SOLIDWORKS Series 1
ソリッドモデリング STEP3

2020年 6月 5日　第1版第1刷発行

編　　者　　株　式　会　社
　　　　　　オズクリエイション
発 行 者　　田　　中　　聡

発 行 所
株式会社 電 気 書 院
ホームページ　www.denkishoin.co.jp
（振替口座　00190-5-18837）
〒101-0051　東京都千代田区神田神保町1-3 ミヤタビル2F
電話（03）5259-9160／FAX（03）5259-9162

印刷　株式会社シナノパブリッシングプレス
Printed in Japan／ISBN978-4-485-30303-0

• 落丁・乱丁の際は，送料弊社負担にてお取り替えいたします。